Alberto Barneto Carmona

Demonstrationstafeln für die Kleintierpraxis
Hunde

Deutsche Übersetzung
Dr. med. vet. Catharina Brandes, Gmund am Tegernsee

schlütersche

Bibliografische Information der Deutschen Nationalbibliothek
Die Deutsche Nationalbibliothek verzeichnet diese Publikation in der Deutschen Nationalbibliografie; detaillierte bibliografische Daten sind im Internet über https://dnb.de abrufbar.

ISBN 978-3-8426-0060-7 (print)
ISBN 978-3-8426-0061-4 (PDF)

Autor
Alberto Barneto Carmona

Illustratoren
Jacob Gragera Artal
Paula Marco Peinado

Titel der Originalausgabe: Pet owner educational atlas – Dogs. 2nd edition. ISBN 978-84-18498-28-2.

Projektleitung und Lektorat: Dr. Simone Bellair, Hannover
Satz, Layout und Umschlaggestaltung: Sandra Knauer Satz · Layout · Service, Garbsen
Druck und Bindung: Drukarnia ABEDIK Sp. z o.o., PL-Bydgoszcz

Inhaltsverzeichnis

Vorwort

Es ist inzwischen 6 Jahre her, dass der Verlag uns bezüglich der Erstellung der ersten „Demonstrationstafeln für die Kleintierpraxis – Hunde“ kontaktiert hat. Die Qualität der grafischen Darstellungen und der praktische Nutzen der Kurztexte trugen zur Beliebtheit des Handbuchs bei Tierärzten bei. Die Demonstrationstafeln wurden gerne eingesetzt, um Zusammenhänge sowohl für sich selbst als auch gegenüber Tierbesitzern zu verdeutlichen – so wie von den Autoren beabsichtigt. Während unserer Arbeit in verschiedenen Tierkliniken entdeckten wir Exemplare, die abgewetzt, eselsohrig und mit Textmarkern versehen waren. All dies sind Anzeichen einer lebendigen Nutzung dieses Nachschlagewerks.

Jetzt wurden die Demonstrationstafeln mit einer 2. Ausgabe neu belebt und aktualisiert; diese überarbeitete Ausgabe erweitert den ursprünglichen Inhalt und enthält neues Anschauungsmaterial in demselben attraktiven Format, das von Tiermedizinern und Tierbesitzern gleichermaßen geschätzt wird.

Da immer mehr Informationen verfügbar werden, besteht ein wachsender Bedarf an Kommunikationsmethoden, die den Wissenstransfer fördern. Im Zusammenhang mit der tierärztlichen Versorgung hilft dies den Tierbesitzern, tierärztliche Maßnahmen besser zu verstehen und Vertrauen zu fassen; die behandelnden Tierärzte können den Tierhaltern damit eine detaillierte Erklärung der Fakten geben, die jeder Behandlung zugrunde liegen.

Eine Zusammenarbeit mit gut informierten Tierbesitzern ist von grundlegender Bedeutung, um in der Behandlung bestmögliche Resultate zu erzielen. Die von Jacob Gragera und Paula Marco erstellten Illustrationen und Diagramme sind dabei eine optimale Unterstützung, um jedes Problem zu visualisieren und den entsprechenden therapeutischen Ansatz verständlich zu machen.

Glücklicherweise wächst unser Wissen in der Kleintiermedizin weiterhin in einem sehr zufriedenstellenden Tempo. Wir hoffen, dass diese neue Ausgabe genauso nützlich und attraktiv ist wie die erste und die Lebensqualität unserer besten Freunde, der Hunde, verbessern wird.

September 2021

Alberto Barneto Carmona, DVM
Ayavet Veterinary Clinic, Boadilla del Monte
(Madrid, Spanien)
Diagnosfera Veterinary Center, San Sebastián de los Reyes
(Madrid, Spanien)

1.1 Skelett des Hundes

Bindegewebige und knorpelige Knochenverbindungen, echte Gelenke

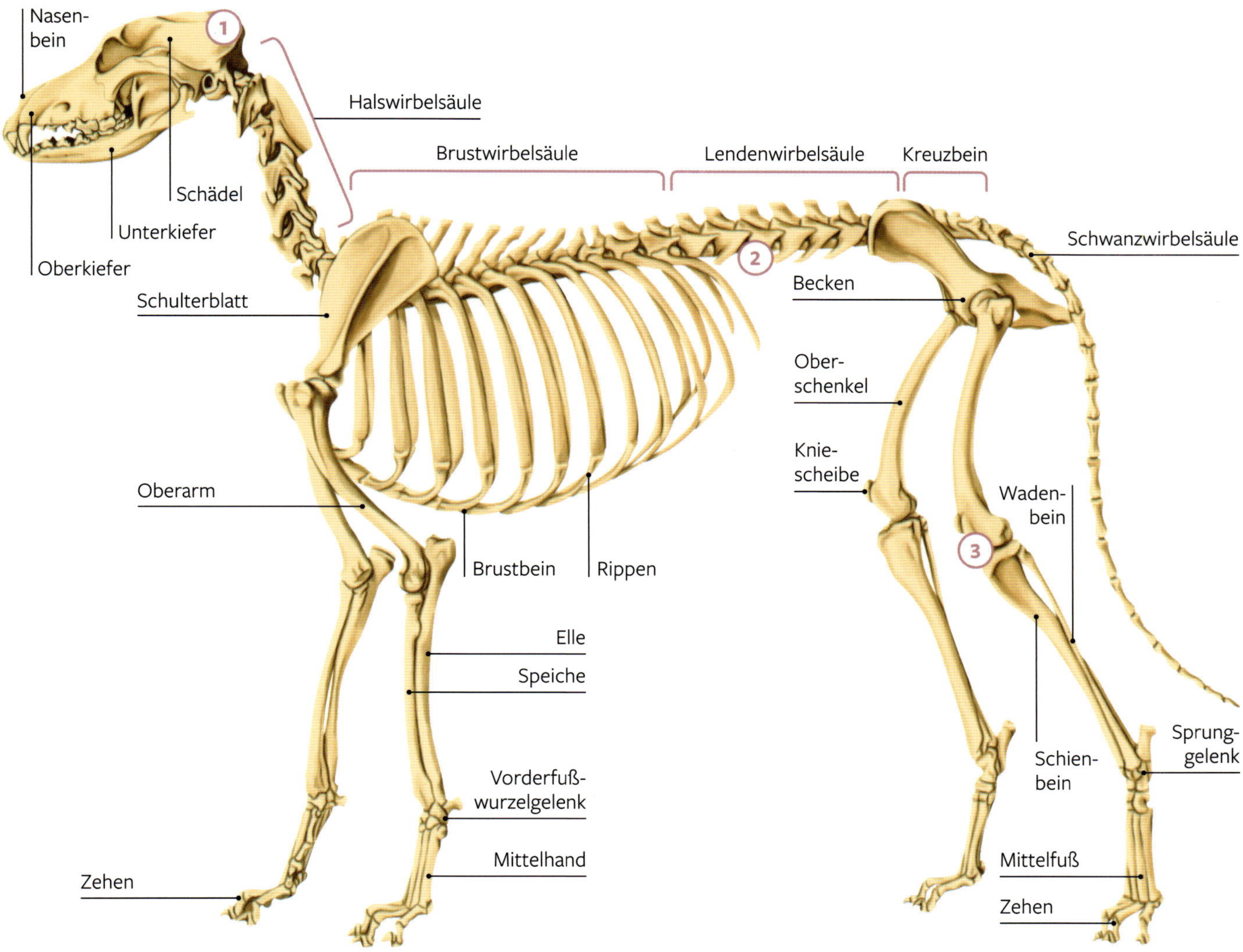

① **Bindegewebige Knochenverbindung** (Schädelnähte)

② **Knorpelige Knochenverbindung** (Zwischenwirbelgelenke)

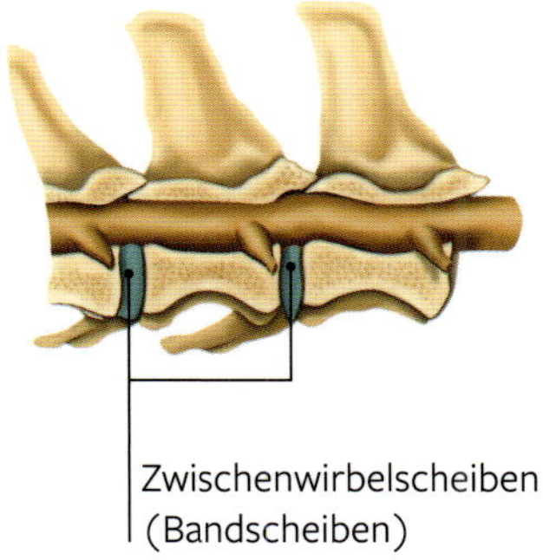

③ **Echtes (synoviales) Gelenk** (Knie-, Ellenbogen-, Schulter-, Hüftgelenk etc.)

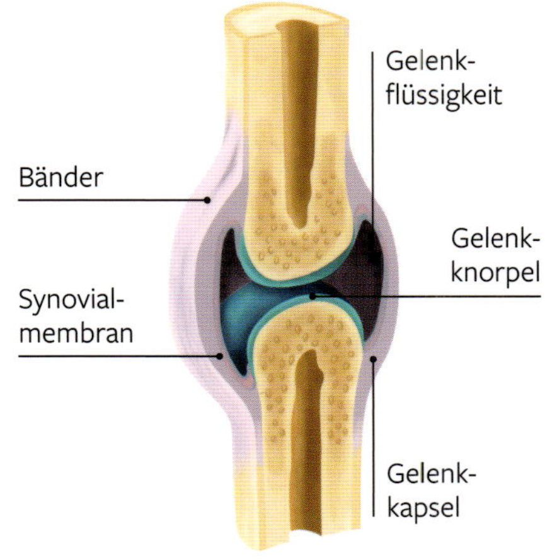

1.2 Muskulatur des Hundes

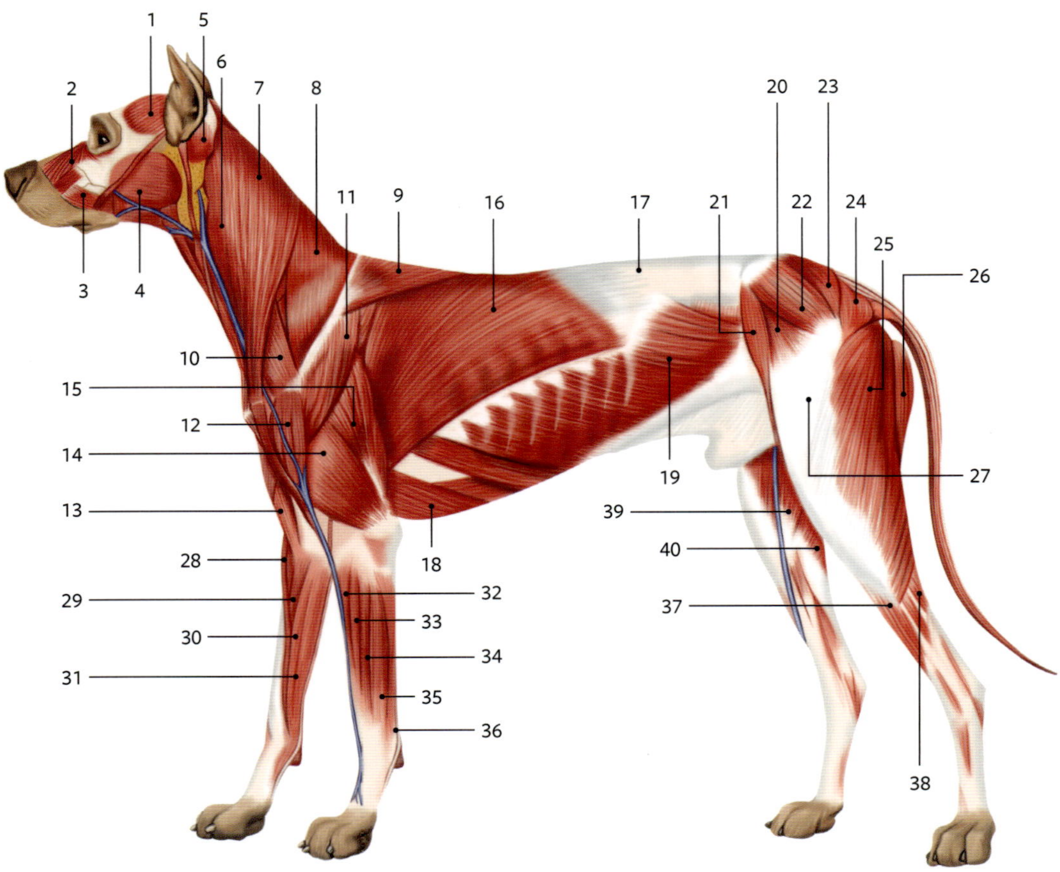

1. M. temporalis (Schläfenmuskel)
2. M. levator nasolabialis
3. M. orbicularis oris
4. M. masseter (Kaumuskel)
5. M. auricularis
6. M. sternocephalicus (Brustbein-Kopf-Muskel)
7. M. brachiocephalicus (Oberarm-Kopf-Muskel)
8. M. trapezius, Pars cervicalis
9. M. trapezius, Pars thoracalis
10. M. omotransversarius (Schulterquermuskel)
11. M. infraspinatus
12. M. deltoideus (Deltamuskel)
13. M. triceps brachii, Caput mediale
14. M. triceps brachii, Caput laterale
15. M. triceps brachii, Caput longum
16. M. latissimus dorsi (breiter Rückenmuskel)
17. Lumbalfaszie
18. M. pectoralis profundus (tiefer Brustmuskel)
19. M. abdominalis externus obliquus (äußerer schiefer Bauchmuskel)
20. M. tensor fasciae latae (seitlicher Faszienspanner)
21. M. sartorius
22. M. gluteus medius (mittlerer Gesäßmuskel)
23. M. gluteus superficialis (oberflächlicher Gesäß-muskel)
24. M. coccygeus
25. M. biceps femoris
26. M. semitendinosus
27. Fascia lata
28. M. brachioradialis
29. M. pronator teres
30. M. flexor carpi radialis
31. M. flexor digitalis superficialis
32. M. extensor carpi radialis
33. M. extensor digitorum communis
34. M. extensor digitorum lateralis
35. M. extensor carpi ulnaris
36. M. flexor carpi ulnaris
37. M. tibialis cranialis
38. M. gastrocnemius
39. M. gracilis
40. M. semimembranosus

Bauchmuskulatur

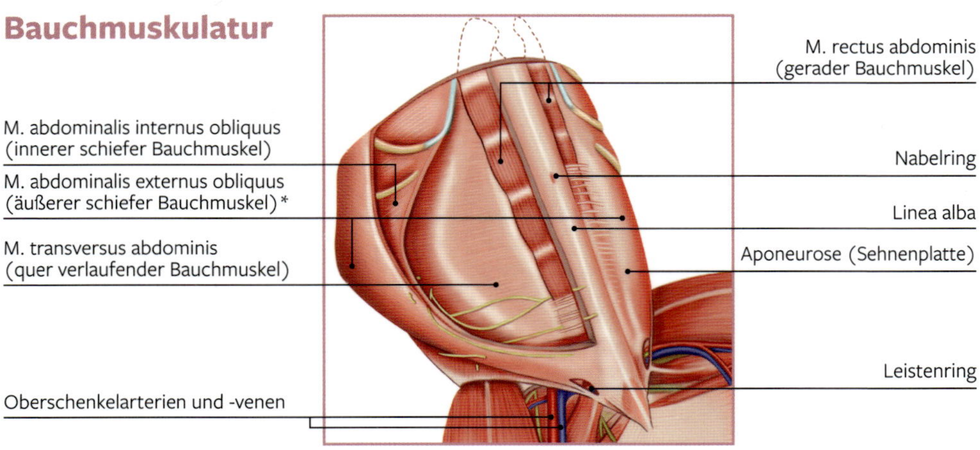

* Auf der linken Bildseite entfernt, um die tieferen Muskeln zu zeigen.

1.3 Innere Organe des Hundes

Kopf und Hals

1. Zunge
2. Augen
3. Gehirn
4. Kehlkopf (Larynx)
5. Luftröhre (Trachea)
6. Speiseröhre (Ösophagus)
7. Schilddrüse
8. retropharyngeale Lymphknoten

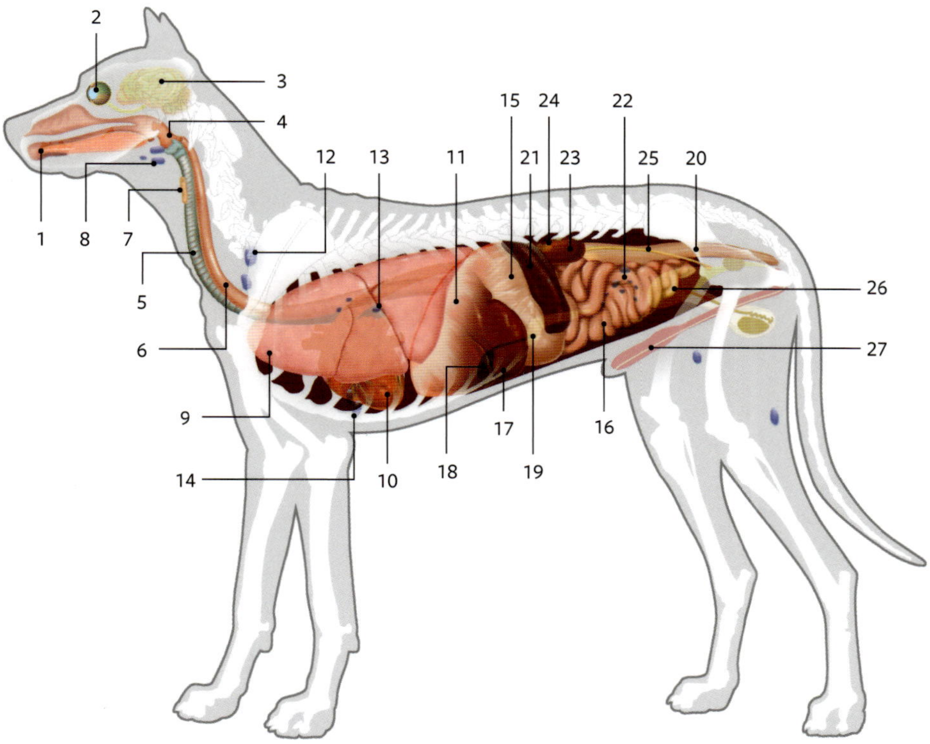

Brustkorb (Thorax)

9. Lunge
10. Herz
11. Zwerchfell
12. präskapuläre Lymphknoten
13. mediastinale Lymphknoten
14. axilläre Lymphknoten

Bauch (Abdomen)

15. Magen
16. Dünndarm
17. Leber
18. Gallenblase
19. Bauchspeicheldrüse (Pankreas)
20. Dickdarm
21. Milz
22. mesenteriale Lymphknoten
23. Nieren
24. Nebennieren
25. Harnleiter
26. Harnblase
27. Harnröhre

Geschlechtsorgane

28. Eierstöcke
29. Gebärmutter
30. Scheide
31. Prostata
32. Hoden

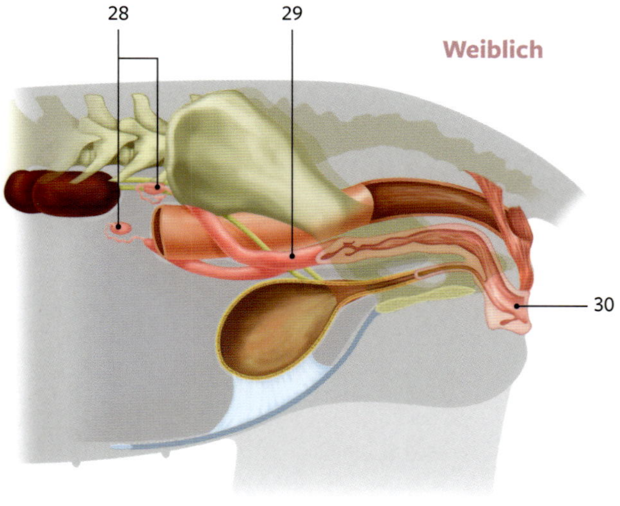

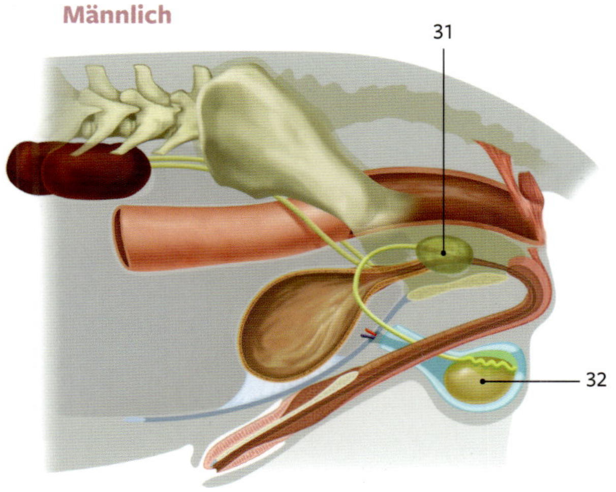

1.4 Kreislaufsystem des Hundes

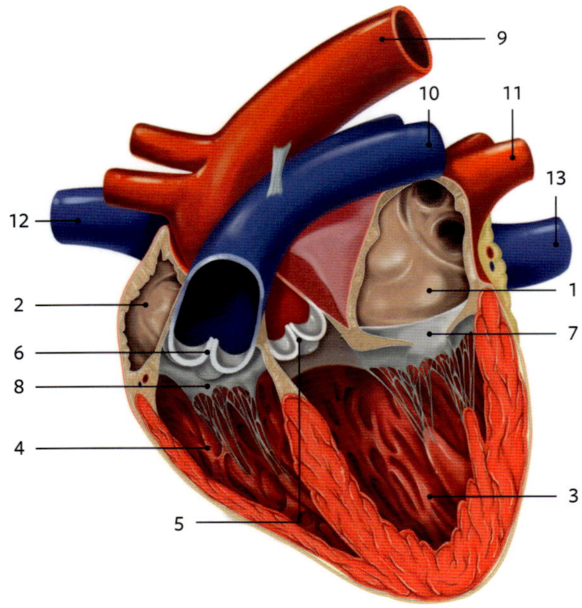

Herz

1. linker Vorhof
2. rechter Vorhof
3. linke Herzkammer
4. rechte Herzkammer
5. Aortenklappe
6. Pulmonalklappe
7. Mitralklappe
8. Trikuspidalklappe
9. Aorta
10. Pulmonalarterien
11. Pulmonalvenen
12. V. cava cranialis
13. V. cava caudalis

Größere Arterien und Venen

14. A. facialis
15. A. maxillaris
16. A. auricularis
17. A. lingualis
18. Aa. carotides
19. Jugularvene (V. jugularis)
20. Wirbelarterie (A. vertebralis)
21. A. subclavia sinistra
22. Truncus brachiocephalicus
23. Aorta
24. V. cava cranialis
25. V. cava caudalis
26. V. azygos
27. Interkostalarterien
28. A. thoracica interna
29. Truncus coeliacus
30. Leberarterie (A. hepatica)
31. Mesenterialarterien
32. Nierenarterie (A. renalis)
33. A. iliaca
34. A. brachialis
35. A. radialis
36. A. ulnaris
37. A. mediana
38. V. cephalica
39. Oberschenkelarterie (A. femoralis)
40. A. tibialis cranialis
41. A. saphena
42. Truncus pudendoepigastricus
43. A. glutea caudalis
44. A. caudalis

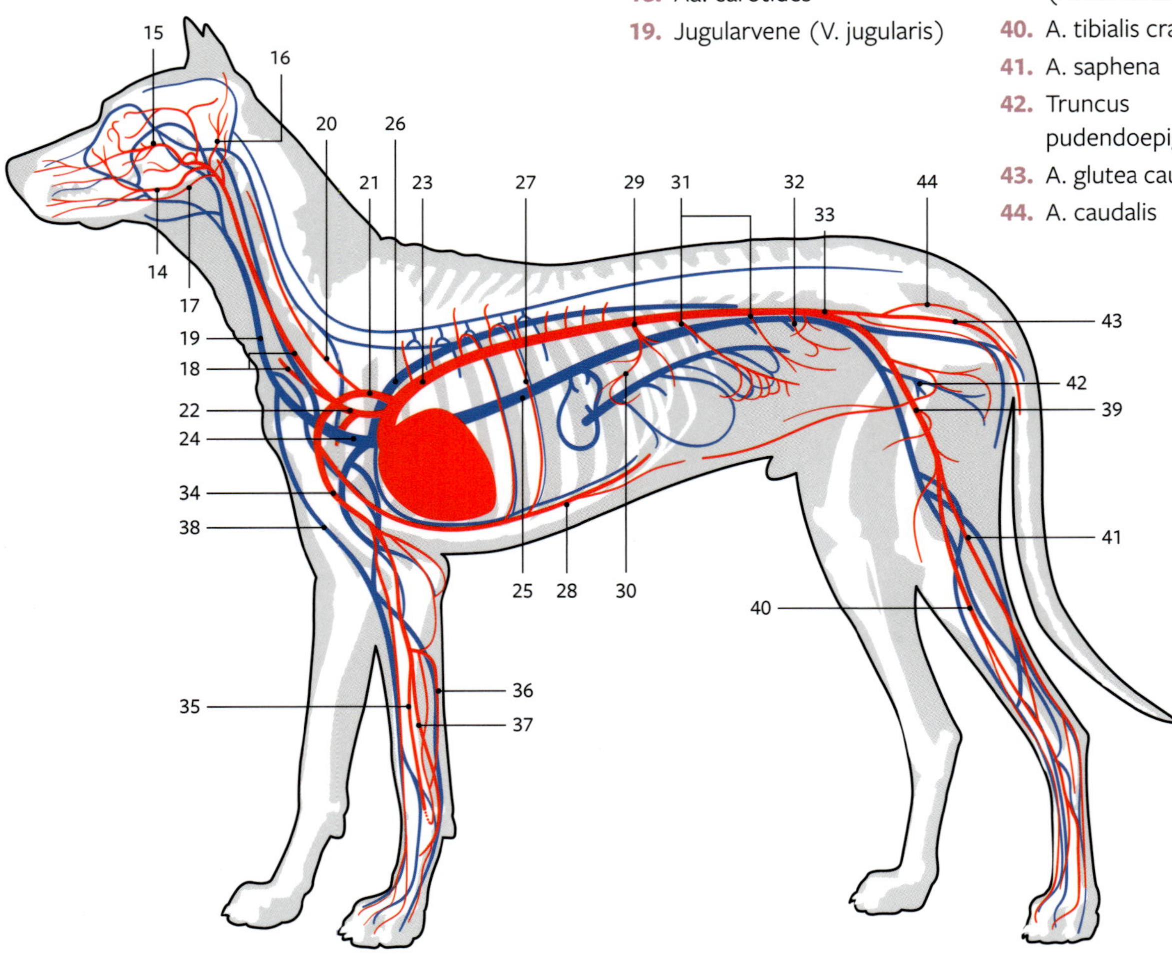

2.1 Arthrose (Osteochondrose der Gelenke)

Schulter und Knie

Arthrosen betreffen heranwachsende Hunde (4–9 Monate), meist großer, schnell wachsender Rassen. Sie können in fast jedem Gelenk auftreten, die deutlichsten Krankheitserscheinungen zeigen sich jedoch an Schulter, Knie und Ellenbogen (▶ Tafel 2.2).

Arthrosen betreffen männliche Tiere doppelt so häufig wie weibliche.

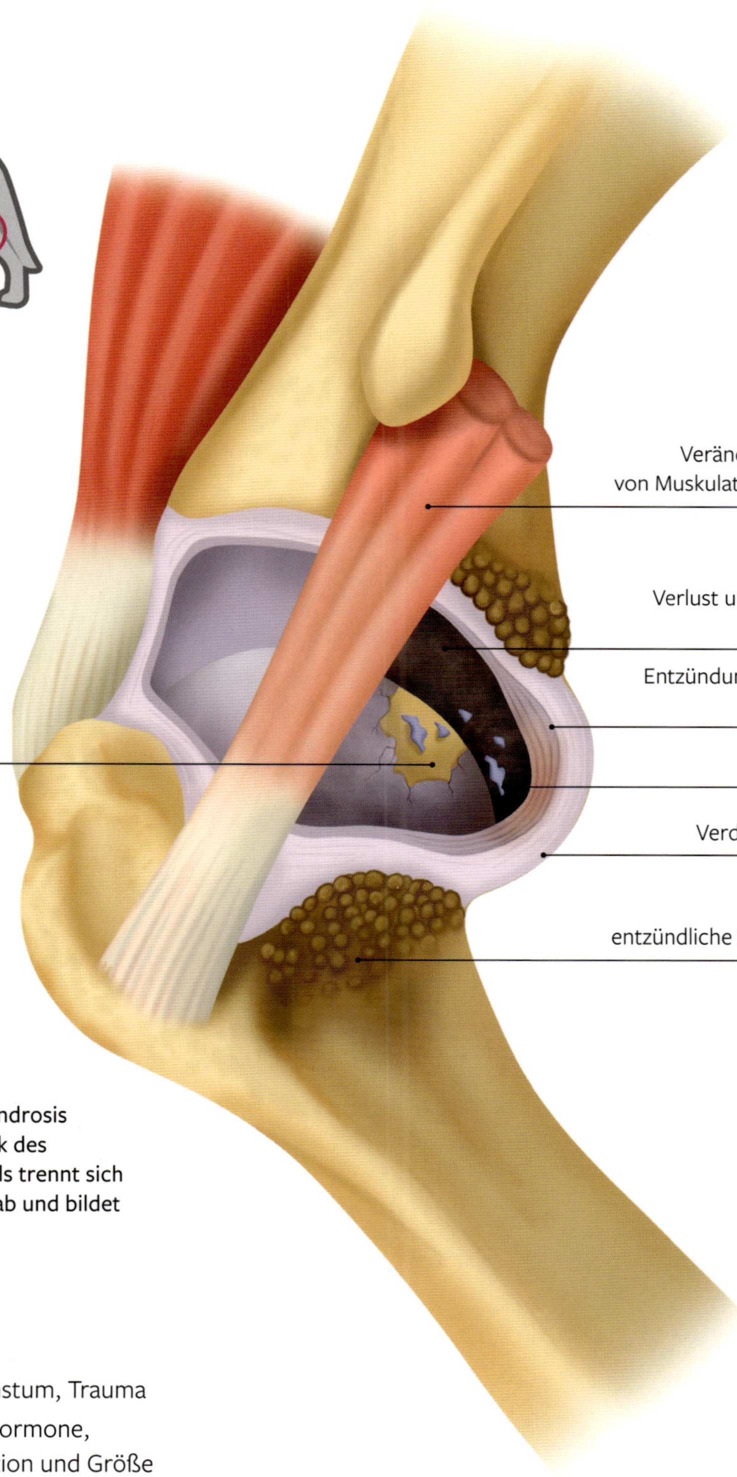

Osteochondritis/Osteochondrosis dissecans (OCD): Ein Stück des veränderten Gelenkknorpels trennt sich von der Gelenkoberfläche ab und bildet eine „Gelenkmaus“.

Risikofaktoren

- direkt: schnelles Wachstum, Trauma
- indirekt: Ernährung, Hormone, genetische Prädisposition und Größe

2.2 Ellenbogendysplasie

Vererbte Entwicklungsstörung, polygenetische Ursache, die entweder einseitig oder beidseitig auftritt und häufiger bei großen Rassen vorkommt; männliche Tiere sind eher betroffen als weibliche.

Folgende Ursachen können kombiniert vorliegen

- Osteochondritis dissecans
- isolierter Processus anconaeus
- fragmentierter Processus coronoideus
- humeroradiale und humeroulnare Inkongruenz

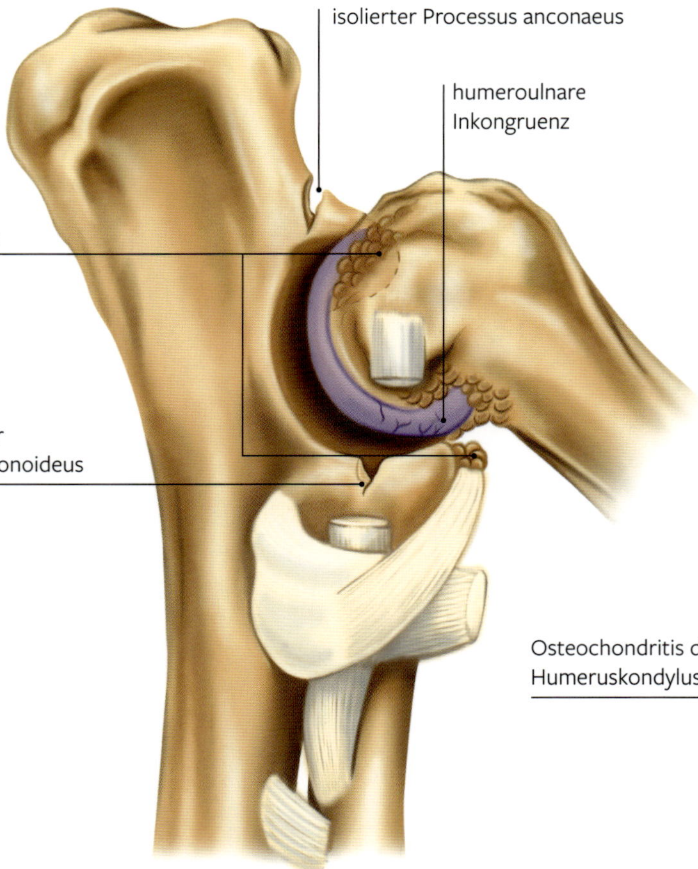

Mediale Ansicht

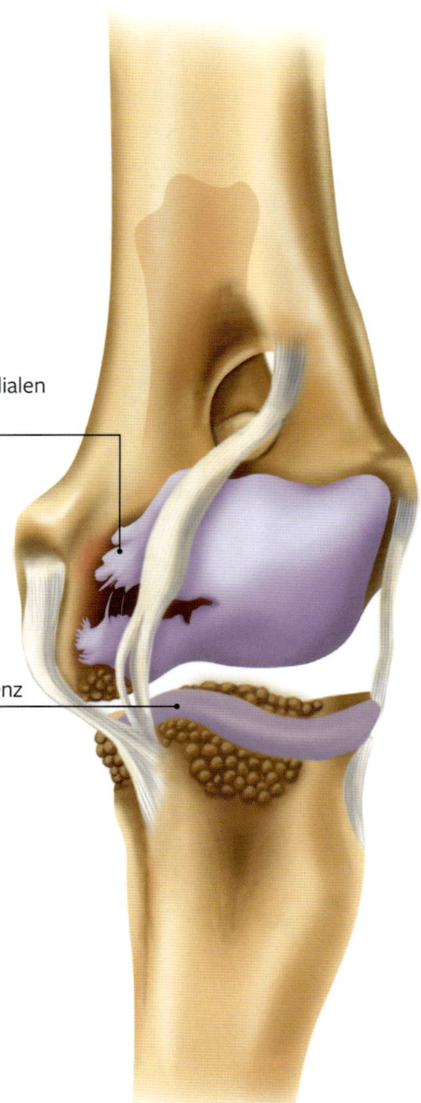

Anteriore Ansicht

Frühzeichen treten innerhalb von 4–5 Monaten auf, mit Lahmheit und Belastungsintoleranz.

Risikofaktoren

- unangemessene Ernährung
- Übergewicht oder Überbelastung
- Trauma

Konservative/chirurgische Therapie

- Die Therapiewahl hängt vom Grad der Dysplasie ab.
- Arthroskopische Techniken erzielen gute Behandlungsergebnisse.

2.3 Hüftgelenksdysplasie

Dies ist die häufigste kongenitale Gelenkerkrankung bei Hunden, typischerweise bei großen und mittelgroßen Rassen. Sie wird begleitet von degenerativen Gelenkveränderungen (Arthrose), die Entzündung und Schmerzen bedingen sowie in einer Muskelatrophie aufgrund von Inaktitivität resultieren. Bei Welpen wird die Erkrankung gewöhnlich im Alter von 5–6 Monaten röntgenologisch erkannt.

Ätiologie

Multifaktoriell, hereditäre und Umweltfaktoren:

- schnelles Wachstum
- übermäßige Nahrungsaufnahme
- geringgradiges, wiederholtes Trauma

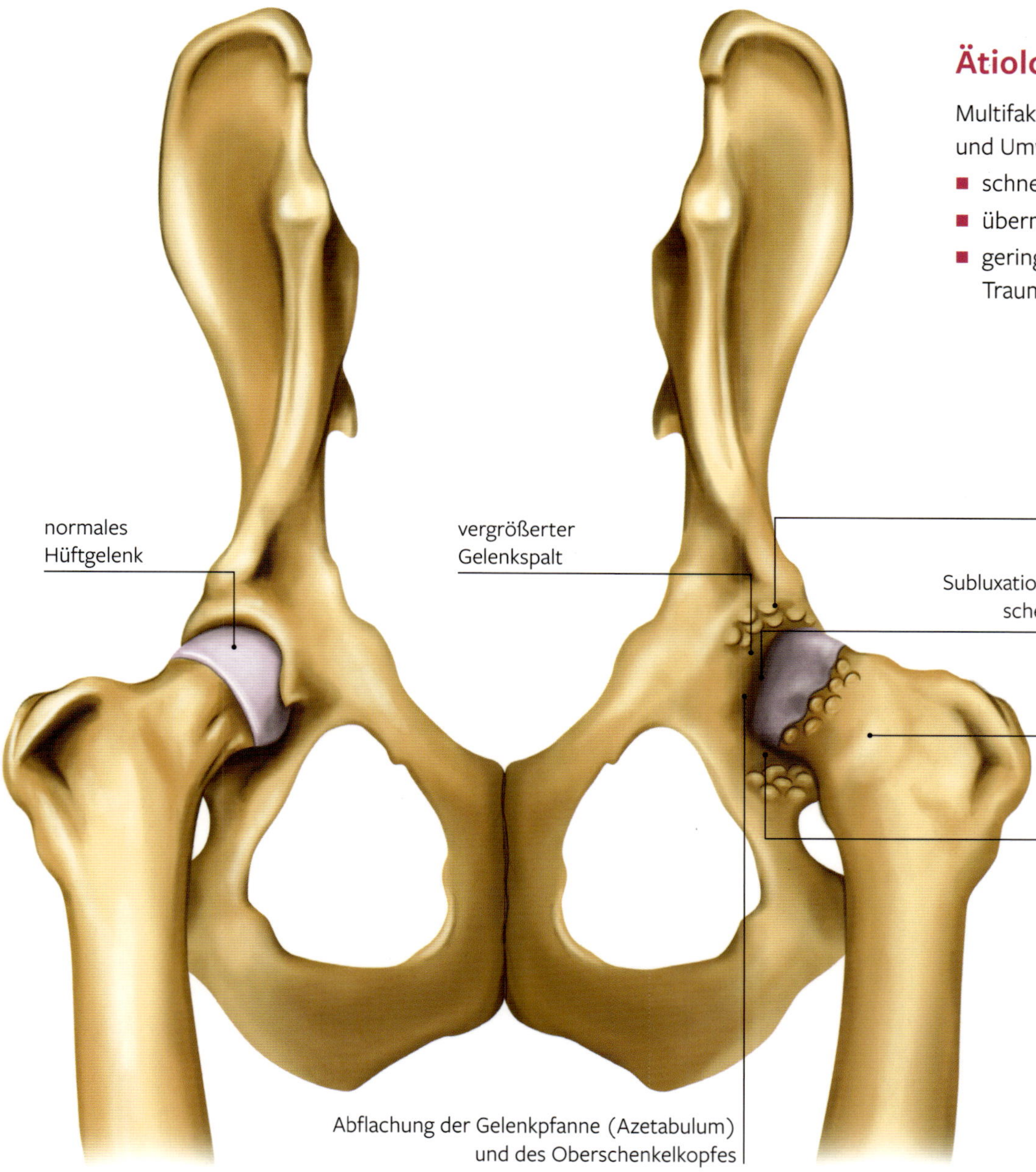

Chirurgische/konservative Therapie

In schweren Fällen können die Patienten chirurgisch behandelt werden und eine unterstützende Therapie erhalten (antientzündlich, Knorpelschutz, moderate Bewegungstherapie etc.).

Die klinischen Zeichen entsprechen nicht unbedingt direkt dem röntgenologischen Befund (Hunde können eine hochgradige Dysplasie entwickeln mit sehr wenig Schmerz, oder auch eine geringgradige Dysplasie aufweisen und starke Schmerzen haben).

2.4 Wirbelerkrankungen

Spondylarthrose, Herniation und Luxation

Am häufigsten betroffene Lokalisationen:

zervikal, thorakolumbal und lumbosakral (Cauda-equina-Syndrom)

Spondylarthrose

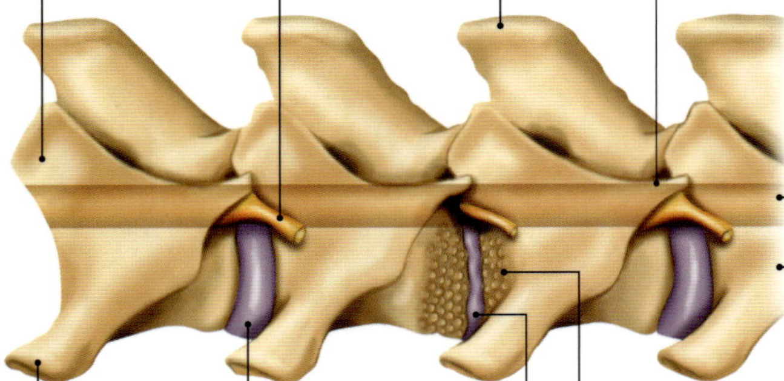

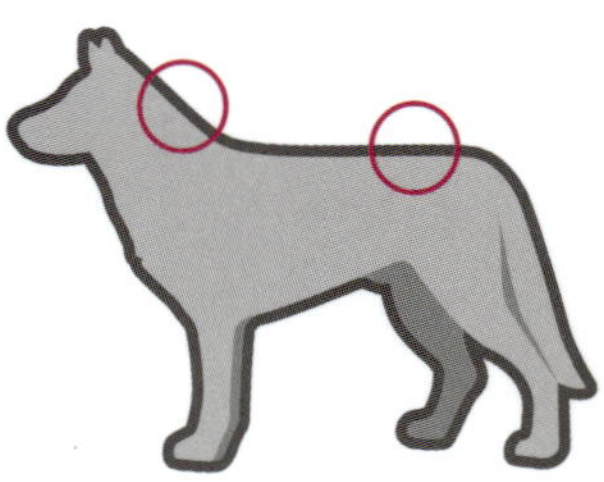

zervikal und thorakolumbal

Bandscheibenvorfall

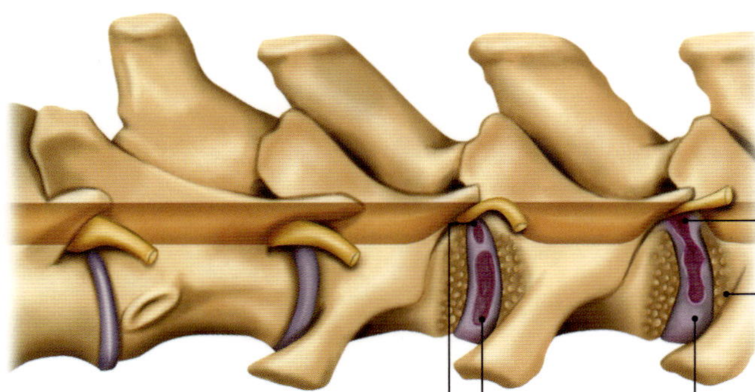

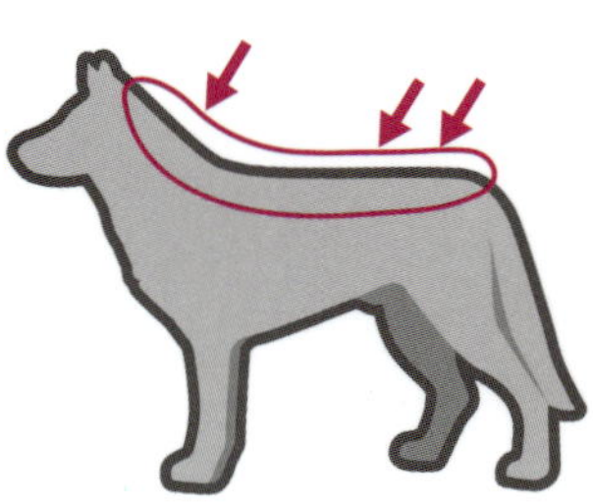

Sie kann jeden Wirbel betreffen, kommt aber häufiger zervikal, thorakolumbal und lumbosakral vor.

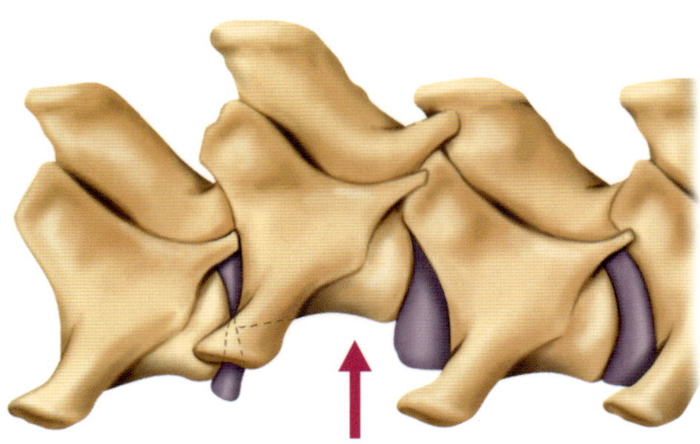

Wirbelluxation

- oft in Zusammenhang mit einem schweren Trauma (Unfälle, heftige Schläge etc.)
- Es wird empfohlen, mit Ganzkörper-Röntgenaufnahmen nach weiteren Verletzungen zu suchen.

Folgen der Rückenmarkskompression

- Schmerzen (Schonhaltung)
- Inkoordination
- Parese oder Paralyse der Gliedmaßen
- Sensitivitätsverlust
- Probleme beim Harn- und Kotabsatz (Inkontinenz oder Verhalt)

2.5 Avaskuläre Femurkopfnekrose

Morbus Legg-Calvé-Perthes

Knochenerkrankung, die hauptsächlich kleine und Zwergrassen betrifft. Sie kommt bei Jungtieren (4–12 Monate) vor und ist in der Regel einseitig (85 % der Fälle).

Klinische Symptome

- Schmerzen
- fehlende Unterstützung oder Immobilisation
- Muskelatrophie der betroffenen Gliedmaße

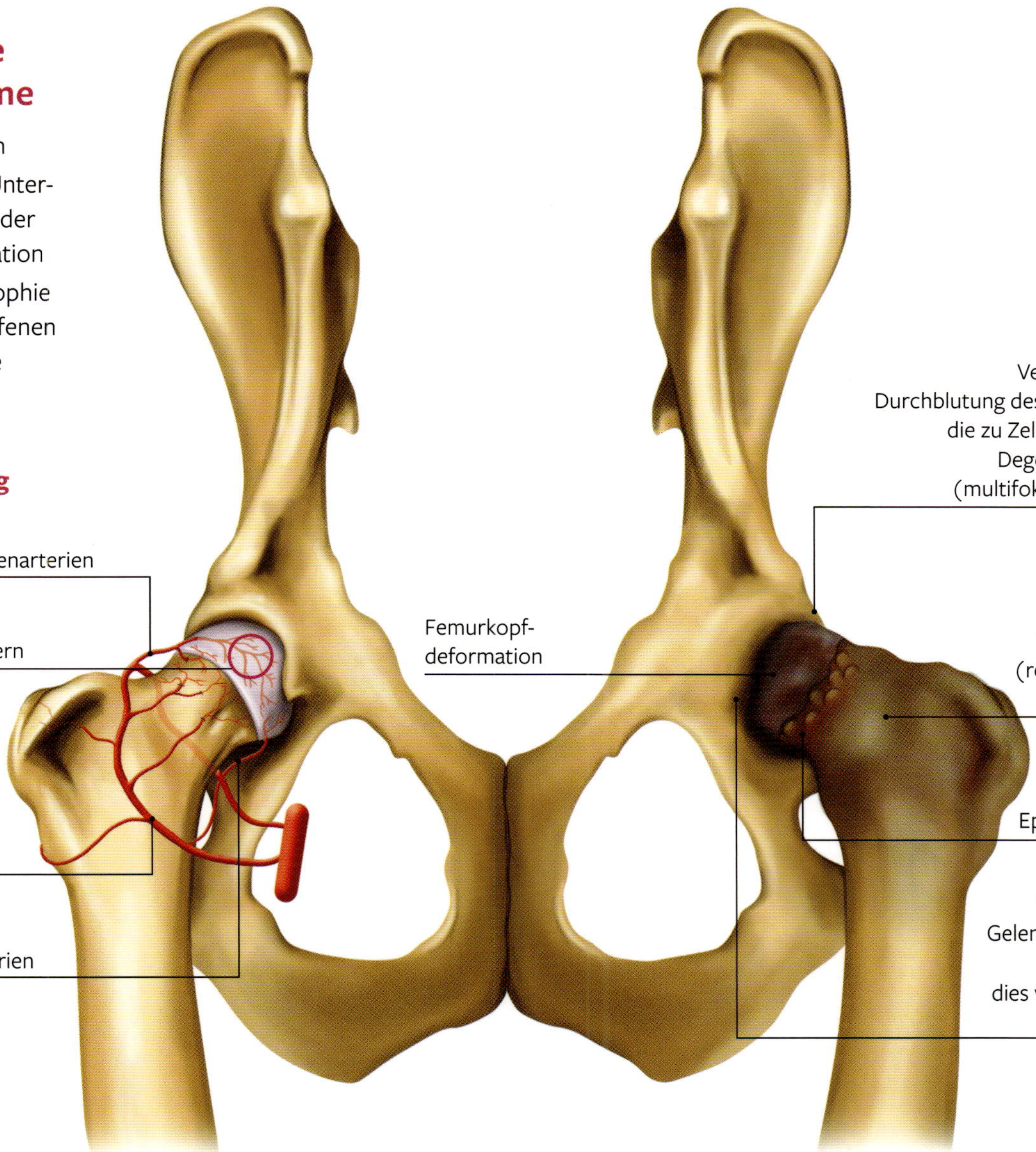

Prädisponierende Faktoren

- Rasse (kleine und Zwergrassen)
- kongenital
- umweltbedingt (schwierige Geburten)
- Fehlentwicklung (disproportionierter Wuchs)
- Trauma (wiederholte Ischämie verursachend)

Chirurgische Therapie

Entfernung des Femurkopfes, wenn Physiotherapie und Rehamaßnahmen nach 4 Wochen nicht erfolgreich waren.

2.6 Vordere Kreuzbandruptur

Eine der häufigsten Veränderungen des Bewegungsapparates bei Hunden. Sie kommt hauptsächlich vor bei großen Hunden (> 20 kg) und bestimmten Rassen (Neufundländer, Labrador Retriever, Golden Retriever, Mastiff, Rottweiler etc.).

Dies ist der häufigste Grund einer sekundären degenerativen Arthrose des Kniegelenkes.

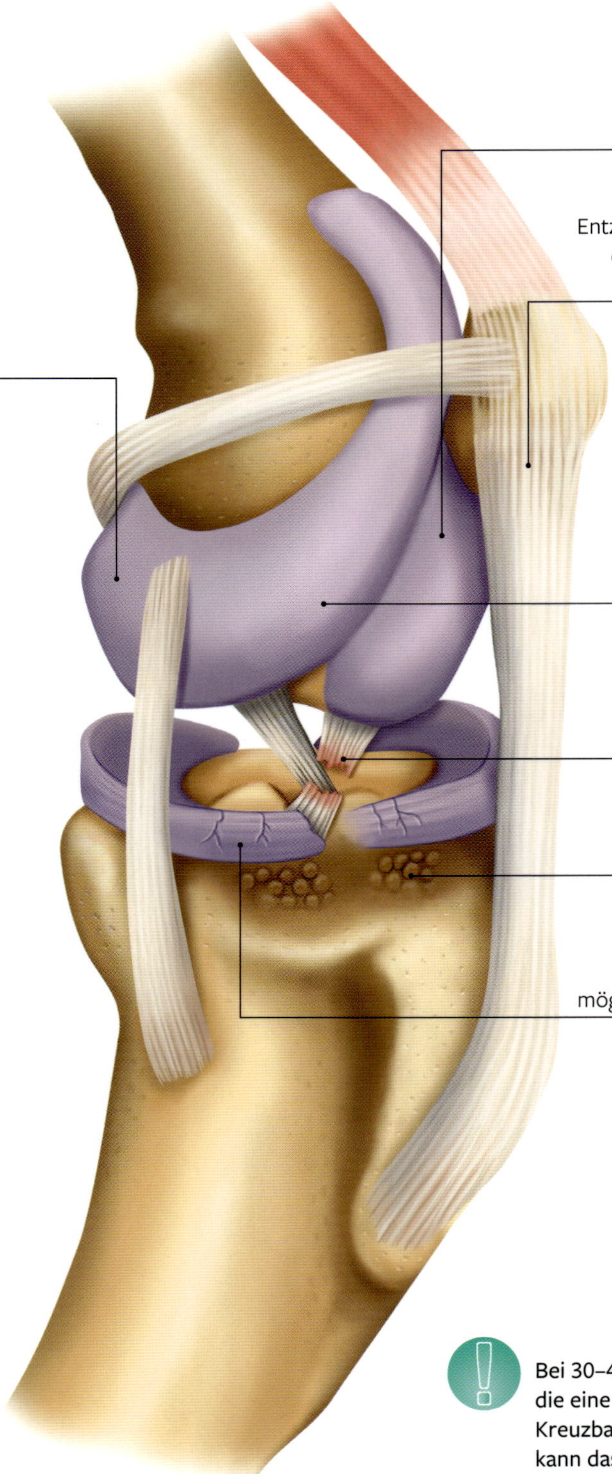

Risikofaktoren

- Übergewicht und Bewegungsmangel
- Muskelatrophie
- degenerative Gelenkerkrankungen

Diagnose

- akute Lahmheit mit fehlender Belastung oder lediglich Belastung der Zehen
- Palpation, Schubladentest und kranialer Kompressionstest
- Bestätigung durch Röntgen, MRT, Arthroskopie, Arthrotomie oder Synovialflüssigkeitsanalyse

Chirurgische Therapie

Mit einigen chirurgischen Verfahren kann eine Heilung erreicht werden:

- extrakapsulär
- intrakapsulär
- Modifikation der Biomechanik des Kniegelenks

Bei 30–40 % der Hunde, die eine Ruptur des vorderen Kreuzbandes erlitten haben, kann das Band an der anderen Hintergliedmaße innerhalb von 2 Jahren reißen.

2.7 Akute und chronische Nierenerkrankung

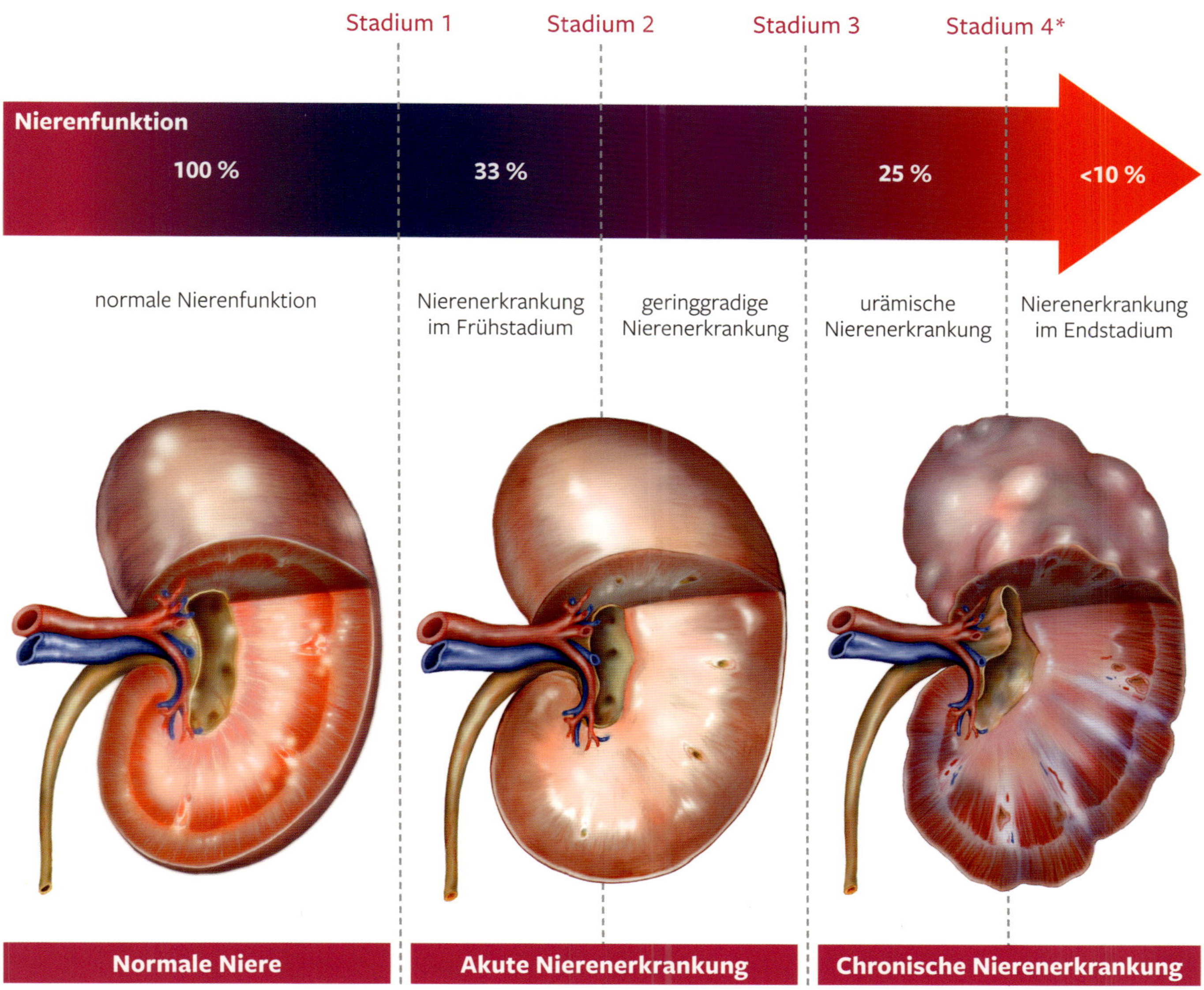

Konservative Therapie

Wichtige Punkte bei der Behandlung der akuten Nierenerkrankung:

- Behandlung der Ursache und Vermeidung von Risikofaktoren
- Korrektur der Urämie sowie von Flüssigkeits-, Elektrolyt- und Säure-Basen-Imbalanzen
- Wiederherstellung einer normalen Harnausscheidung
- individuelle medikamentöse Behandlung je nach Fall

Diätetische Maßnahmen

unterstützende Therapie durch geeignete Futtermittel

Diagnose

Eine frühe Diagnose ist essenziell:

- klinischer Vorbericht und komplette körperliche Untersuchung
- Harnstoff, Kreatinin, Kalzium, Phosphor und andere Bluttests
- Urinanalyse
- arterieller Blutdruck
- Röntgen, Ultraschall
- Biopsie

* Klassifikation nach der International Renal Interest Society (IRIS)

2.8 Harnsteine

Harnröhrenobstruktion

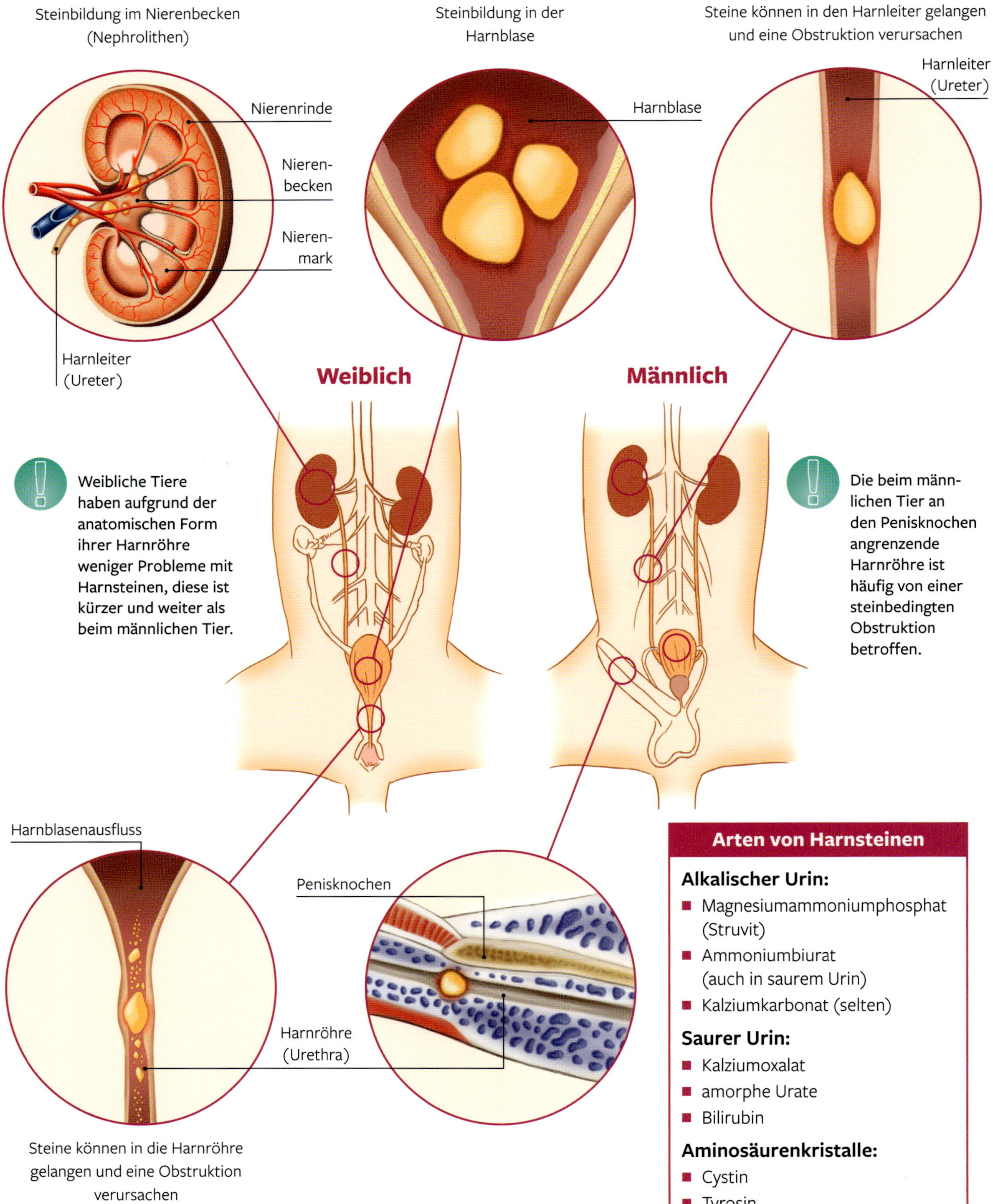

Weibliche Tiere haben aufgrund der anatomischen Form ihrer Harnröhre weniger Probleme mit Harnsteinen, diese ist kürzer und weiter als beim männlichen Tier.

Die beim männlichen Tier an den Penisknochen angrenzende Harnröhre ist häufig von einer steinbedingten Obstruktion betroffen.

Arten von Harnsteinen

Alkalischer Urin:

- Magnesiumammoniumphosphat (Struvit)
- Ammoniumbiurat (auch in saurem Urin)
- Kalziumkarbonat (selten)

Saurer Urin:

- Kalziumoxalat
- amorphe Urate
- Bilirubin

Aminosäurenkristalle:

- Cystin
- Tyrosin

2.9 Weiblicher Sexualzyklus

Die Hündin hat einen monöstrischen Sexualzyklus mit Spontanovulation und in der Regel 2 Zyklen pro Jahr. Jeder Zyklus lässt sich in 4 Phasen einteilen: Anöstrus, Proöstrus, Östrus und Diöstrus.

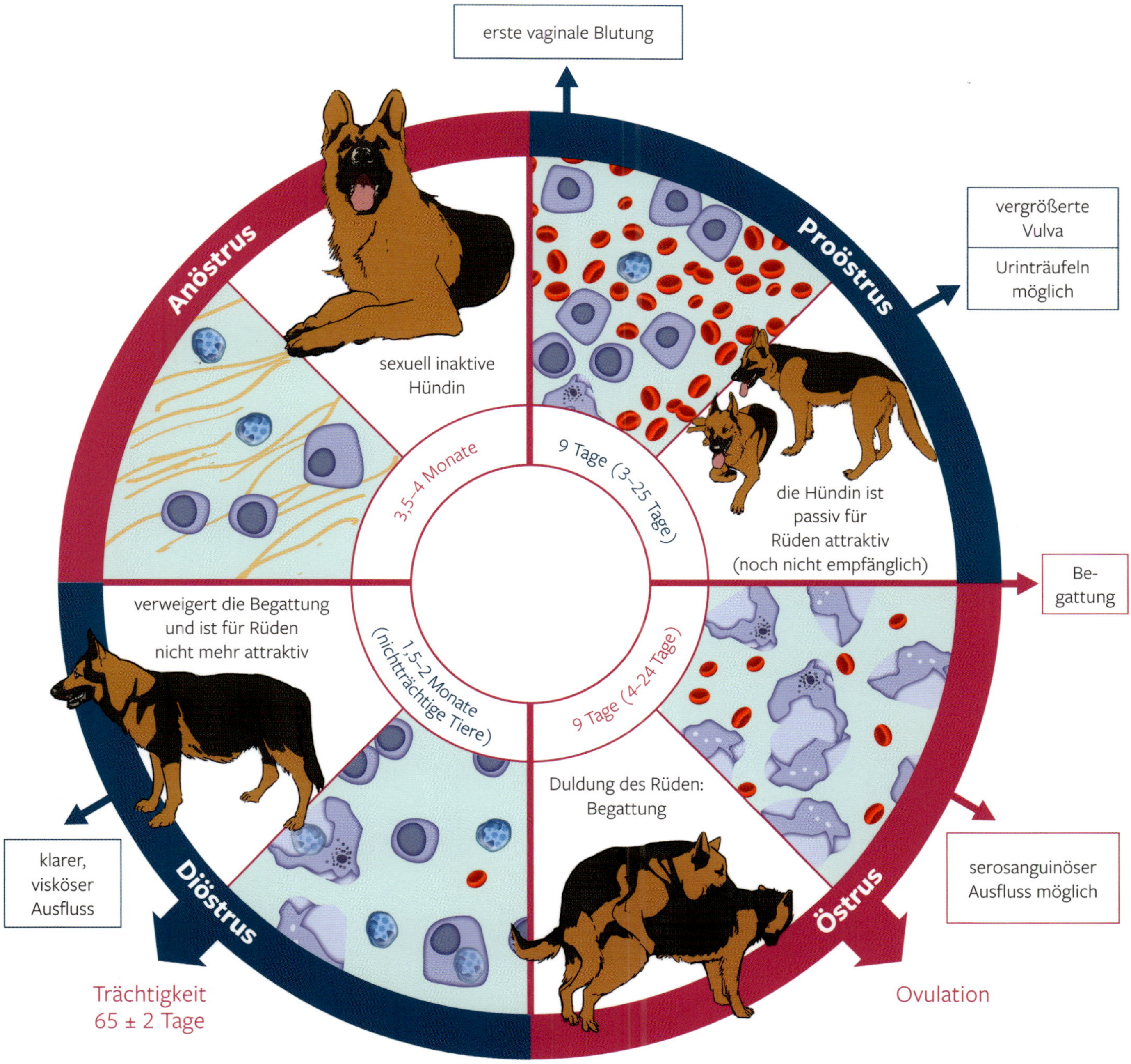

2.10 Kastration

Bei weiblichen und männlichen Tieren

Ovariohysterektomie — Weibliche Tiere

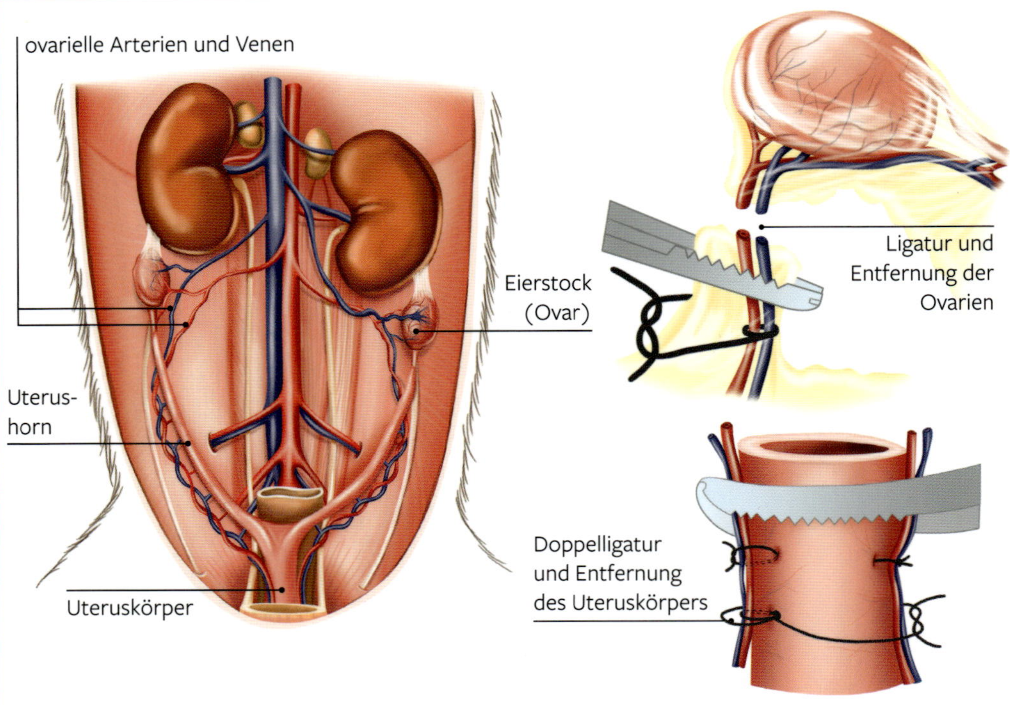

frühe oder präpubertäre Kastration (bei Tieren unter sechs Monaten, idealerweise unter vier Monaten)

Vorteile:

- verbessert das Zusammenleben mit den Menschen
- trägt dazu bei, eine Überpopulation und das Aussetzen/die Vernachlässigung von Tieren zu vermeiden
- ernsthafte genitale Erkrankungen können verhindert werden (zystische Endometriose, Pyometra, Mamma- und Ovarialtumore)

Nachteile:

- wurde mit Defekten in der Entwicklung der äußeren Genitalien in Verbindung gebracht

Vasektomie/Orchiektomie — Männlichee Tiere

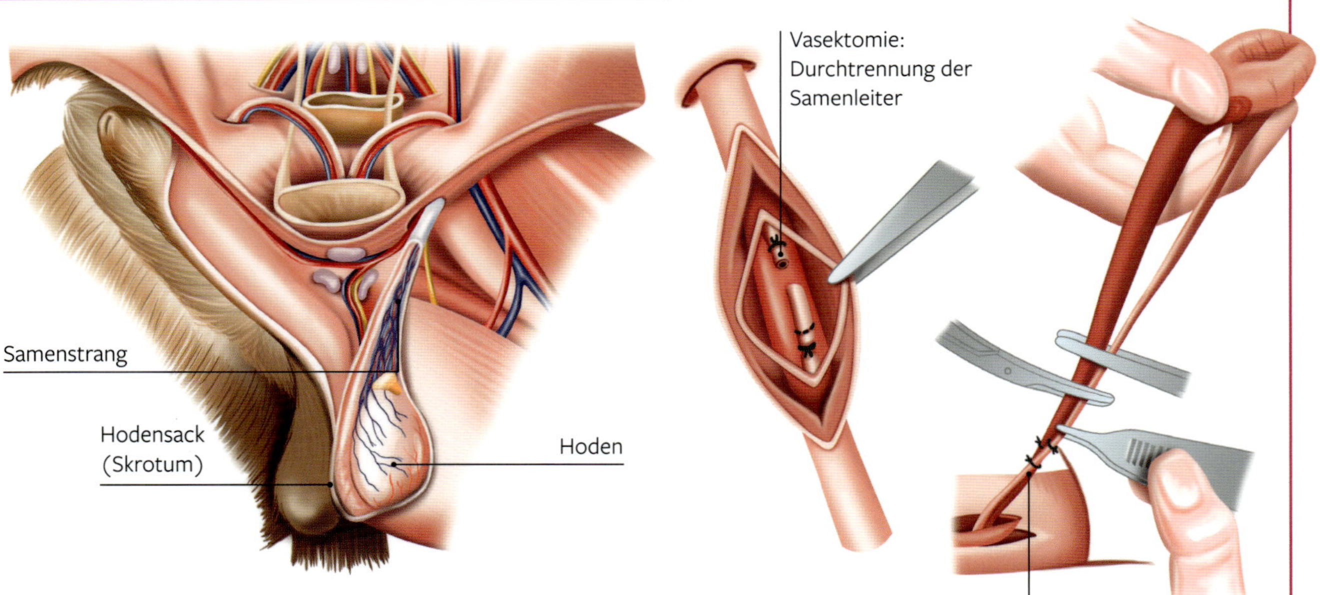

Männliche Tiere können auch pharmakologisch mit subkutanen Implantaten oder injizierbaren Präparaten kastriert werden, die die hormonelle Aktivität und Spermienproduktion hemmen.

Eine Paarung muss für 3 Wochen nach der Vasektomie vermieden werden, da Spermien am Ende der Samenleiter verbleiben.

Orchiektomie: chirurgische Entfernung der Hoden

2.11 Die häufigsten Dystokiearten bei Hunden

Dystokie ist eine Geburtsstörung, die als erschwerte oder nicht mögliche Austreibung des Fetus durch den Geburtskanal definiert ist. Sie kann durch Probleme auf Seiten des Muttertiers (75 %) oder des Fetus (25 %) bedingt sein. Bei brachyzephalen oder Zwergrassen sind fast 100 % der Geburten dystokisch.

Maternale Dystokie

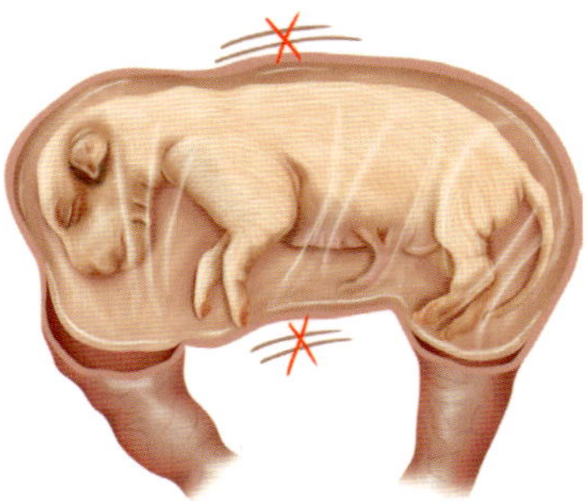

Uterusschwäche

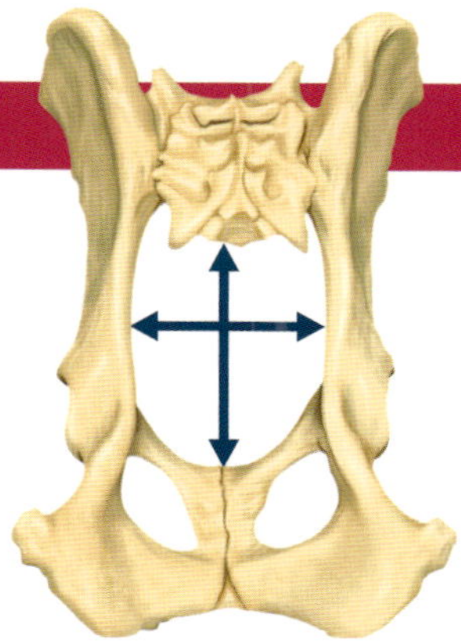

zu enger Beckenkanal

Arten der Dystokie

Maternal:

- Uterusschwäche (zu wenige Kontraktionen)
- zu enger Beckenkanal
- vaginale Stenose
- hormonelle Störungen
- strukturelle Anomalien

Fetal:

- abnorme Haltung: verbogene Vordergliedmaßen, seitlich oder rückwärts verbogener Kopf etc.
- übermäßige Fetusgröße
- Fehlbildungen
- fetaler Tod

Unterstützte natürliche Geburt

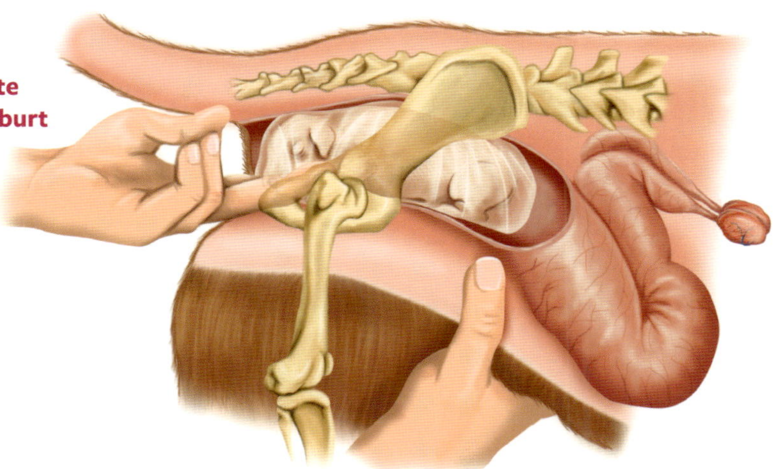

Fetale Dystokie

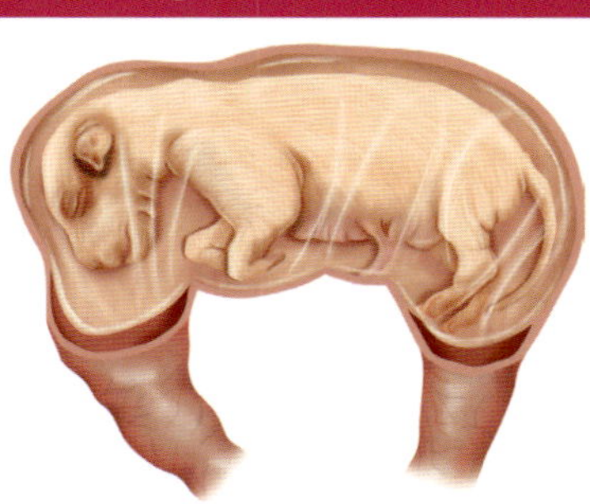

Haltung des Fetus mit verbogenen Vordergliedmaßen

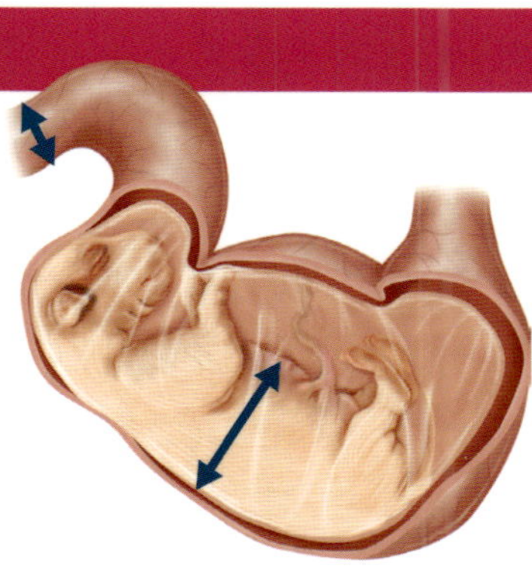

übermäßig großer Fetus

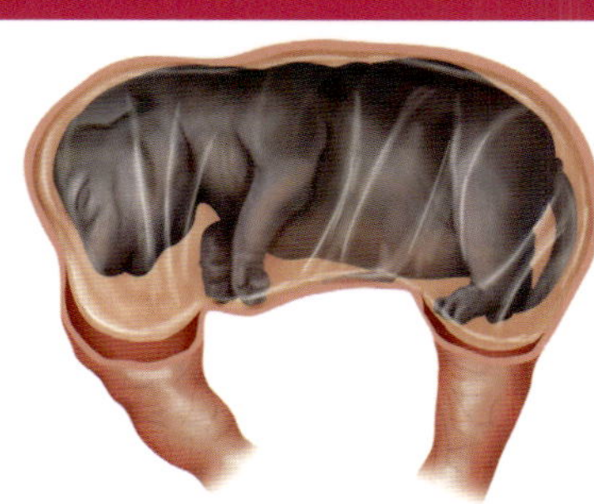

fetale Fehlbildung (Anasarka oder generalisiertes Ödem)

Konservative Therapie

Kalziumglukonat und Oxytocin

Chirurgische Therapie

Kaiserschnitt (notwendig bei 60–80 % der Fälle)

2.12 Gebärmuttervereiterung (Pyometra)

Ansammlung von Eiter im Uteruslumen bei unkastrierten Hündinnen.
Kann offen (vaginaler Ausfluss) oder geschlossen (kein Ausfluss und schwererer Verlauf) sein.

Risikofaktoren sind eine Hormontherapie zur Östrusunterdrückung und Zyklusstörungen.

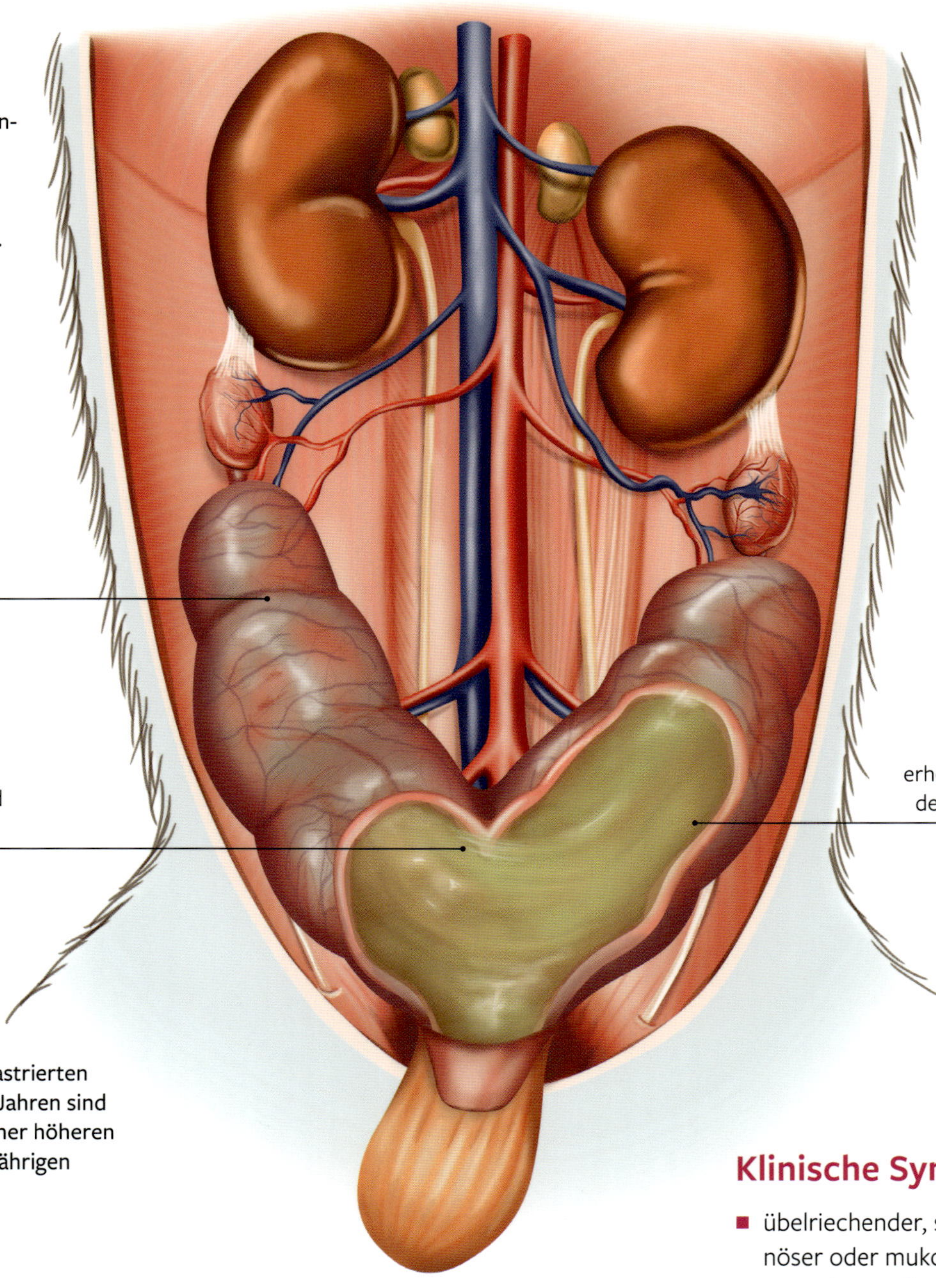

25 % der nicht kastrierten Hündinnen < 10 Jahren sind betroffen, mit einer höheren Inzidenz bei > 4-jährigen Tieren.

Klinische Symptome

- übelriechender, serosanguinöser oder mukopurulenter vaginaler Ausfluss (nicht bei geschlossener Pyometra)
- Lethargie, Niedergeschlagenheit, Anorexie
- Polyurie und Polydipsie
- Erbrechen, Diarrhoe
- Bauchumfangsvermehrung (geschlossene Pyometra)
- Fieber in bestimmten Fällen

Konservative Therapie

- Hormontherapie
- Flüssigkeitstherapie
- Antibiotika
- Induktion von Uteruskontraktionen, um das angesammelte Sekret zu entfernen

Chirurgische Therapie

Therapie der Wahl: Ovariohysterektomie

2.13 Erkrankungen der Eierstöcke (Ovarien)

Zysten und Tumore

Ovarialzysten

- flüssigkeitsgefüllte Hohlräume mit einem Durchmesser von <1 cm bis >10 cm.
- können nicht-funktional sein (vom Epithel oder Rete ovarii ausgehend) oder funktional, z. B. Hormon-produzierend (Follikel- oder Gelbkörperzyste)
  - **Follikelzyste:** Östrogen-produzierend. Verursachen einen verlängerten Proöstrus oder Östrus, ein Vulvaödem und eine Blutung (empfängliche Hündinnen).
  - **Gelbkörperzysten:** Progesteron-produzierend. Verursachen einen verlängerten Diöstrus (Hündin kommt nicht in die Hitze) und kann zu zystischer Endometriumhyperplasie/Pyometra prädisponieren.

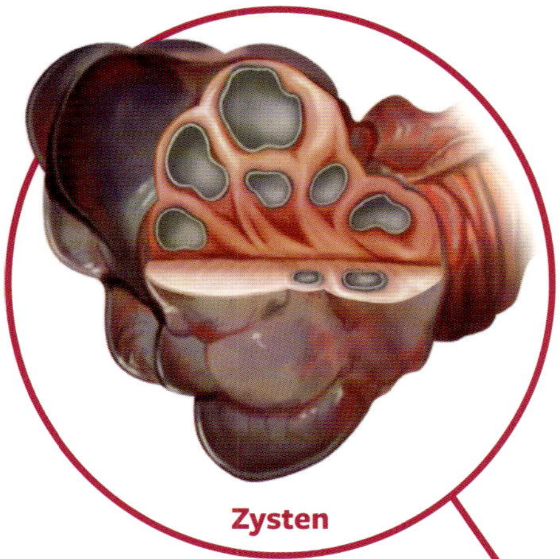

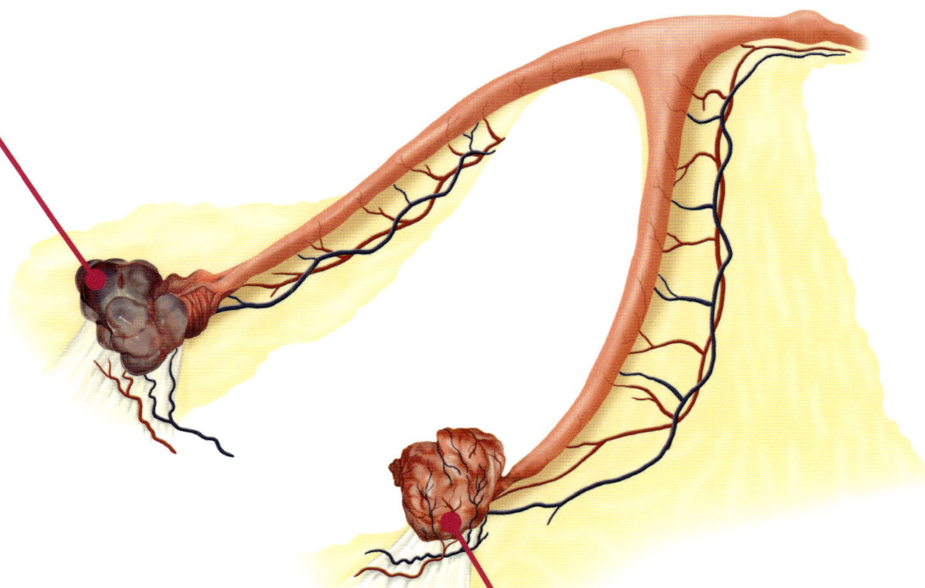

Ovarialtumore

Selten. Verschiedene Arten:

- **Granulosazelltumore:** häufig, oft Östrogen-produzierend und deshalb Ursache von Zyklusveränderungen.
- **papilläres Adenom:** hohe Inzidenz, gutartig und meist bilateral. Übermäßiges Wachstum kann Druck auf andere Organe oder gesundes Ovarialgewebe verursachen.
- **Adenokarzinom:** der häufigste maligne Ovarialtumor. Es kann zu einer vaginalen Blutung ohne erkennbare Ursache kommen. Eine Ruptur kann zu Metastasierung innerhalb des Bauchraumes führen.

Die Diagnosestellung erfolgt mittels Hormonanalyse, serieller Zytologie, Ultraschall und Biopsie.

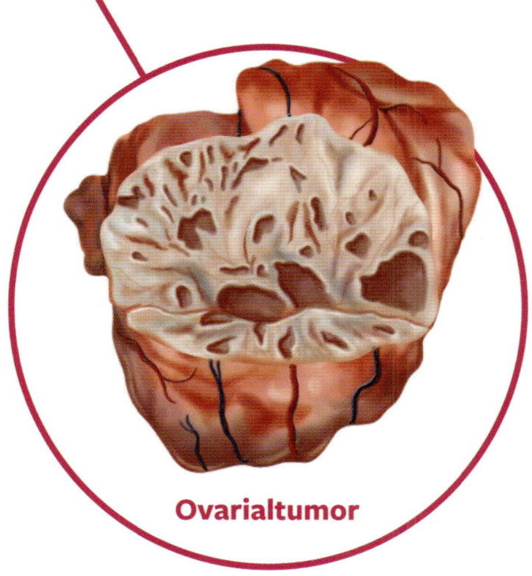

Konservative/chirurgische Therapie

Zysten:

- Hormontherapie, um eine Luteinisierung der Zyste oder eine Luteolyse zu induzieren.
- Behandlung der Wahl: Ovariohysterektomie

Tumore:

- sofortige Ovariohysterektomie
- Die Tumore sollten vorsichtig präpariert werden, um ein Ausstreuen von malignen Zellen in das Bauchfell zu vermeiden.

2.14 Vaginale Hyperplasie und Vaginalprolaps (Scheidenvorfall)

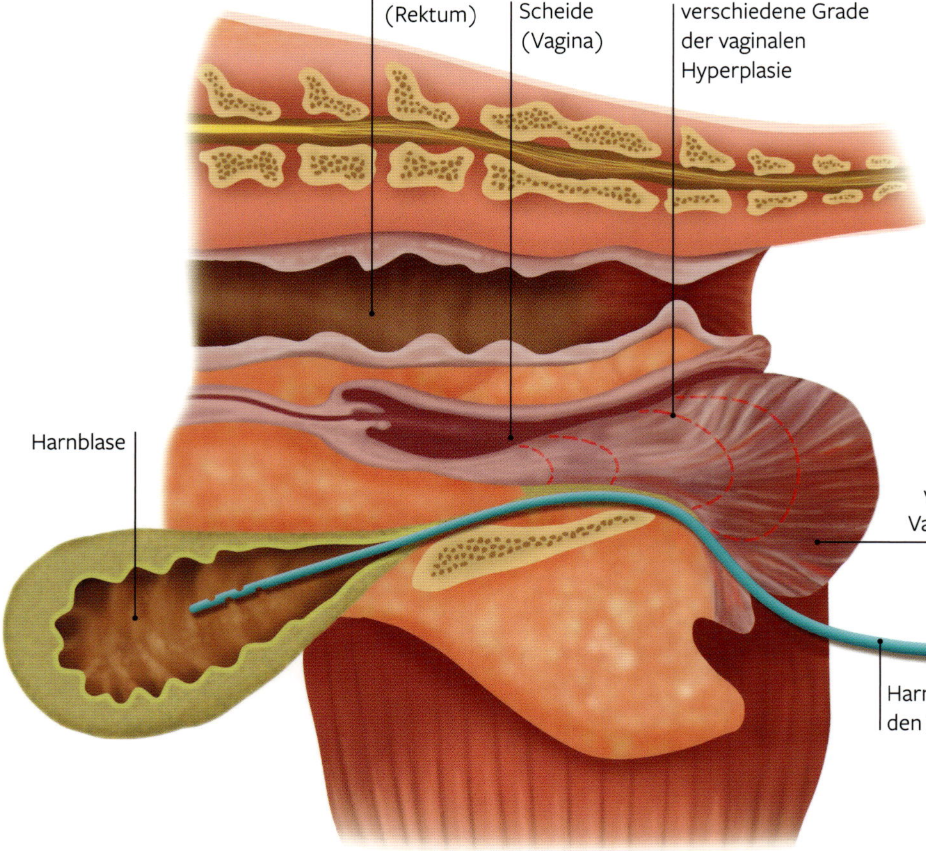

Verursacht durch ein Ödem des Vaginalgewebes, oft kranial des Orificium urethrae. Das Gewebe schwillt durch eine Östrogenfreisetzung in das Blut an, manchmal so stark, dass es aus der Vagina herausragt. Ein ringförmiges Wachstum des Vaginalgewebes kann nur in sehr schweren Fällen entdeckt werden.

Schwere Fälle behindern den Harnabsatz und müssen deshalb sofort behandelt werden.

Vaginale Hyperplasie und Vaginalprolaps sollten nicht verwechselt werden mit einem Uterusprolaps (Gebärmuttervorfall, sehr selten).

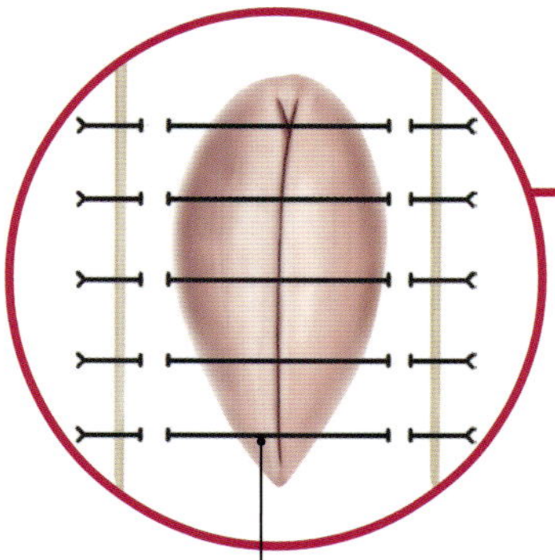

Vulvanaht bei einer chirurgischen Therapie des Vaginalprolaps

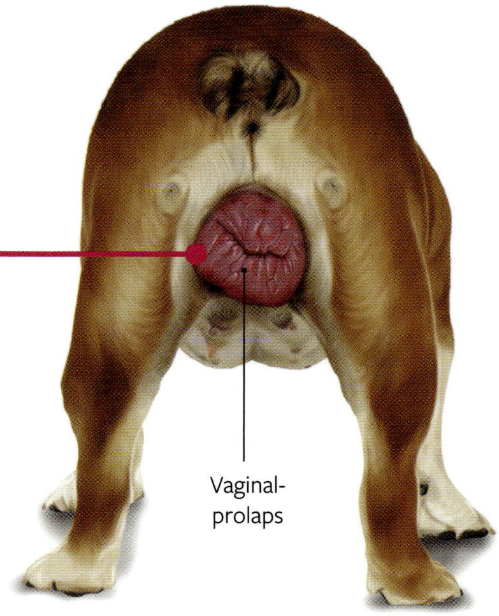

Klinische Symptome

- Vulvaausfluss
- schmerzhafter Harnabsatz

Konservative/chirurgische Therapie

- Bei geringgradigen Veränderungen, die am Ende des Östrus verschwinden, ist keine Behandlung notwendig.
- Vorgefallenes Vaginalgewebe sollte feucht gehalten werden, bis es an Größe abnimmt, entweder spontan (wenn der Östrus vorbei ist) oder chirurgisch (Ovariohysterektomie).
- In manchen Fällen wird das Gewebe nekrotisch und muss chirurgisch entfernt werden, mittels Episiotomie.
- Vulvare Rückhaltenähte können notwendig sein, bis die Hyperplasie zurückgegangen ist.

2.15 Scheinträchtigkeit (Pseudogravidität)

Der Abfall an Progesteron und der Anstieg von Prolaktin nach dem Diöstrus führen häufig zu einem physiologischen Wachstum der Milchdrüsen. Dazu kommt es innerhalb von 6–8 Wochen nach dem Östrus (Dauer zwischen 3–14 Wochen). Eine Behandlung ist nur in den Fällen notwendig, in denen eine klinisch erkennbare Scheinträchtigkeit vorliegt.

Es handelt sich in der Regel um einen selbstlimitierenden Prozess, der innerhalb weniger Wochen wieder verschwindet.
Eine Behandlung ist nur erforderlich, wenn das Risiko besteht, dass die Hündin Veränderungen der Milchdrüse (Mastitis) entwickelt oder Verhaltensprobleme hat.

Dieser Prozess kann die Entwicklung von Mastitiden, Mammatumoren, zystischer Endometriumhyperplasie und Pyometra fördern, ebenso von Infertilität.

Konservative/chirurgische Therapie

- Antiprolaktin-Präparate können verabreicht werden, um die Prolaktinproduktion zu hemmen.
- Ovariohysterektomie bei schweren und wiederauftretenden Fällen

Klinische Symptome

- geschwollene Milchdrüsen und Umfangsvermehrung des Abdomens
- Milchsekretion
- Verhaltensänderung: Nervosität, Nestbauverhalten, „Adoption“ von Objekten oder Puppen/Kuscheltieren als Welpen.
- möglicherweise mütterliches Abwehrverhalten

2.16 Gesäugetumore (Mammatumore)

Dies ist der häufigste Tumor bei Hündinnen, in 30–50 % der Fälle bösartig (maligne). Er kann in die regionalen Lymphknoten streuen und Metastasen verursachen, hauptsächlich in der Lunge, aber auch in Knochen, Gehirn, Leber etc.

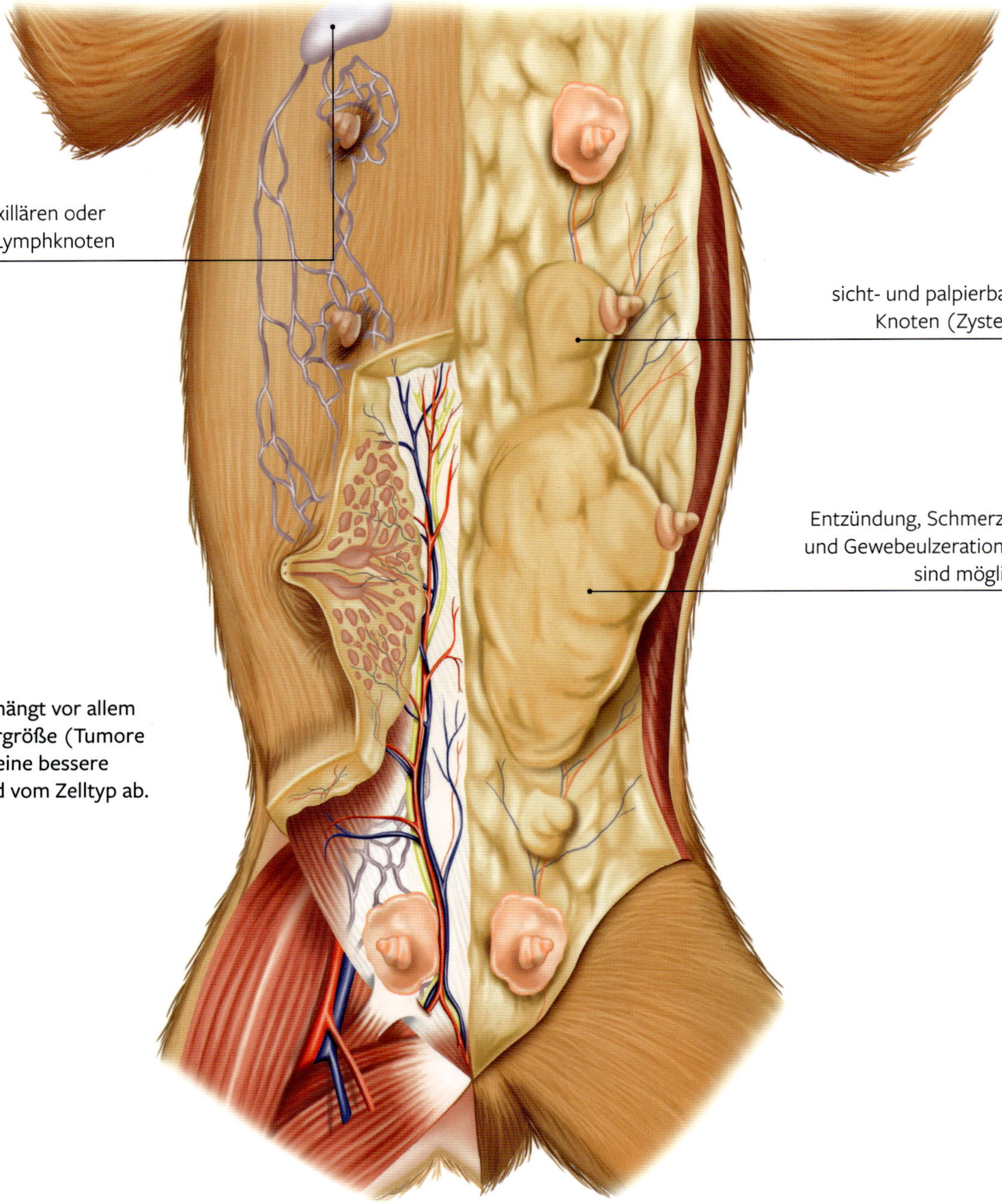

Die Prognose hängt vor allem von der Tumorgröße (Tumore < 3 cm haben eine bessere Prognose) und vom Zelltyp ab.

65–70 % der Gesäugetumore bei der Hündin betreffen den 4./5. Milchdrüsenkomplex.

Chirurgische/konservative Therapie

- Entfernung der betroffenen Milchleiste und der regionalen Lymphknoten, mit oder ohne Chemo- und Radiotherapie
- Eine metronomische Chemotherapie wird zunehmend eingesetzt, welche niedrige Dosen oraler Chemotherapeutika mit COX-2-hemmenden NSAIDs kombiniert.

2.17 Gutartige (benigne) Prostatahyperplasie (BPH)

Dies ist die häufigste Erkrankung der Prostata bei Rüden (betrifft die Mehrheit der älteren intakten Rüden). Sie wird verursacht durch eine Veränderung des Androgen:Östrogen-Verhältnisses, als Folge von altersbedingten Ab- bzw. Zunahmen der Testosteron-/Östrogenspiegel.

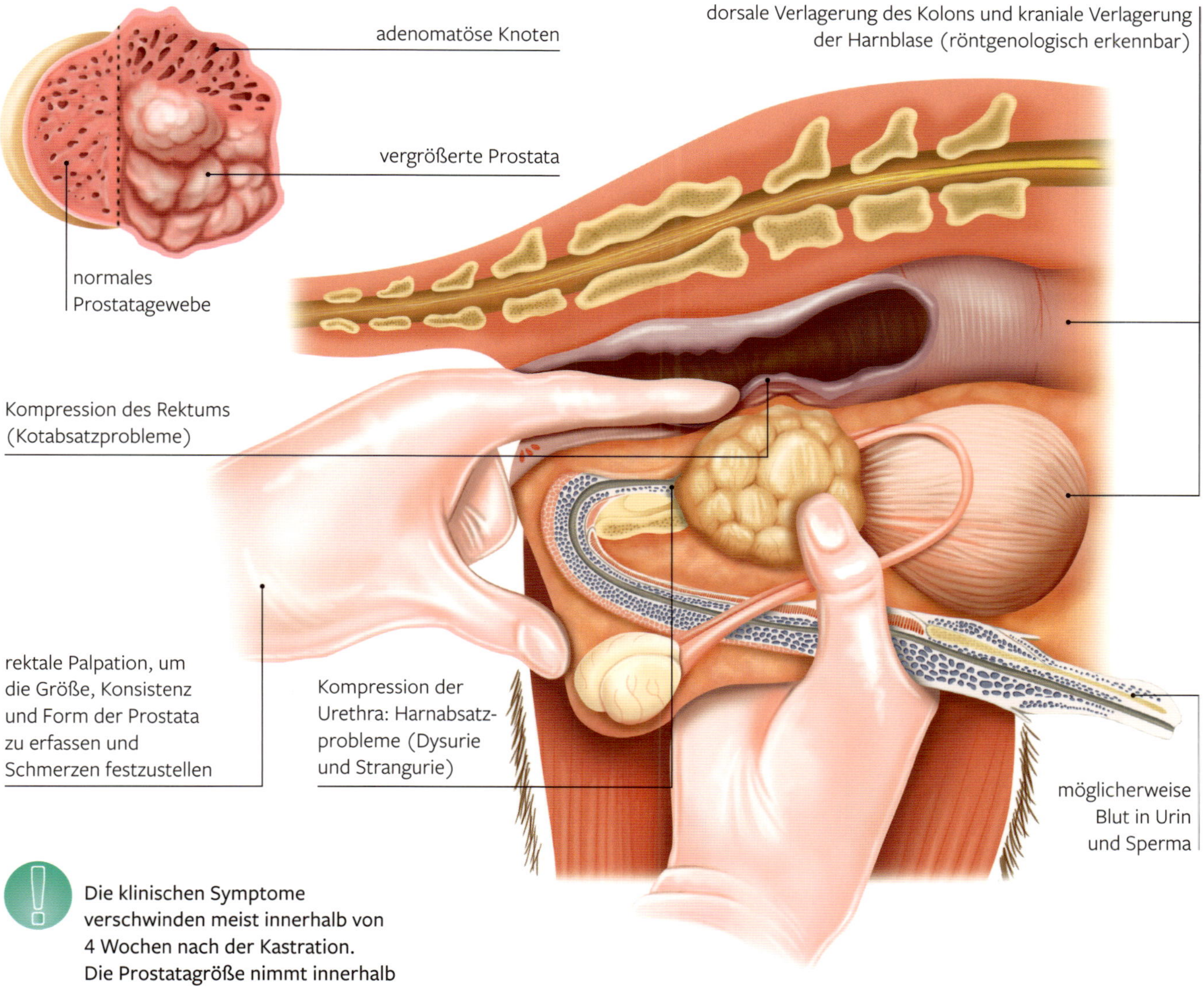

Die klinischen Symptome verschwinden meist innerhalb von 4 Wochen nach der Kastration. Die Prostatagröße nimmt innerhalb von 9 Wochen auf 70 % ab.

Chirurgische/ konservative Therapie

Die Behandlung sollte sich nicht nur auf die Chirurgie (Kastration) beschränken, eine Hormontherapie kann ebenfalls gute Ergebnisse erzielen.

Paraprostatische Zysten

- In der Regel mit einer BPH verbunden.
- Ausbildung außerhalb der Prostata aufgrund einer Obstruktion der Kanalikuli und einer Ansammlung von prostatischer Flüssigkeit.
- Die Therapie beinhaltet Kastration (essenziell), eine ultraschallgeführte Drainage der Zyste und eine Therapie mit Antiandrogenen. Zusätzlich zur Zystendrainage sollte eine Omentalisation durchgeführt werden, um einen Rückfall zu vermeiden.
- Sekundäre bakterielle Infektionen sind häufig (Prostataabszess).

2.18 Hodenhochstand (Kryptorchismus)

Es handelt sich um den unterbliebenen Abstieg eines oder beider Hoden in den Hodensack (Skrotum), was zu einer Störung der genitalen Entwicklung führt. Als abnormale Lokalisationen der Hoden gelten die intraabdominale, inguinale und subkutane Lage.

Häufiger bei reinrassigen Hunden (Zwergrassen, Dackel und Sibirischer Husky).

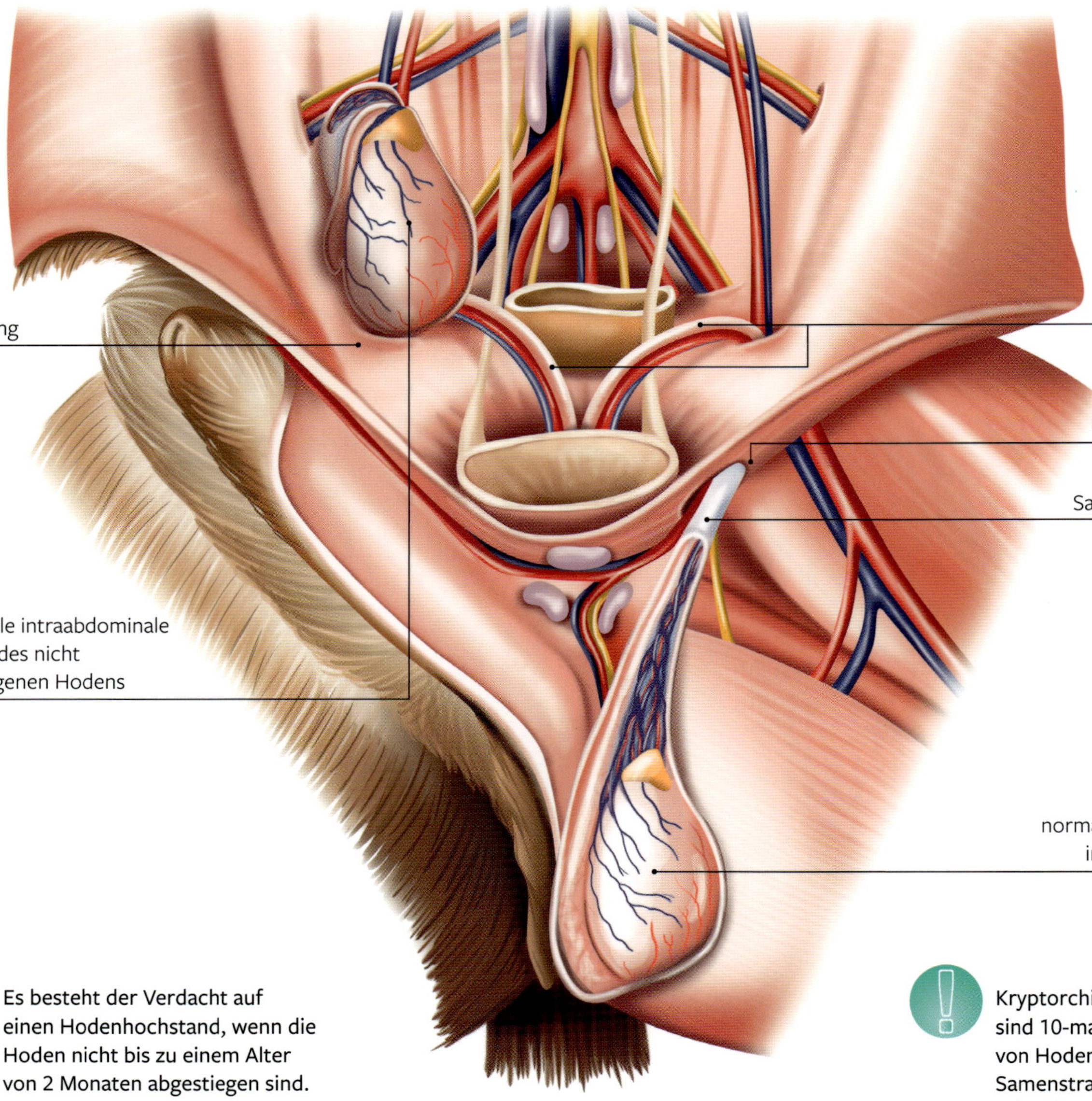

Es besteht der Verdacht auf einen Hodenhochstand, wenn die Hoden nicht bis zu einem Alter von 2 Monaten abgestiegen sind.

Kryptorchide Rüden sind 10-mal häufiger von Hodentumoren, Samenstrangtorsion, Infertilität und BPH betroffen.

Chirurgische Therapie

Entfernung des kryptorchiden Hodens oder, bevorzugt, beider Hoden.

Empfehlungen

Ein kryptorchider Rüde sollte nicht zur Zucht verwendet werden. Diese Tiere sind fertil, deshalb müssen sie kontrolliert, vasektomiert oder kastriert werden, um eine Fortpflanzung zu verhindern.

2.19 Dilatative Kardiomyopathie

Normales Herz

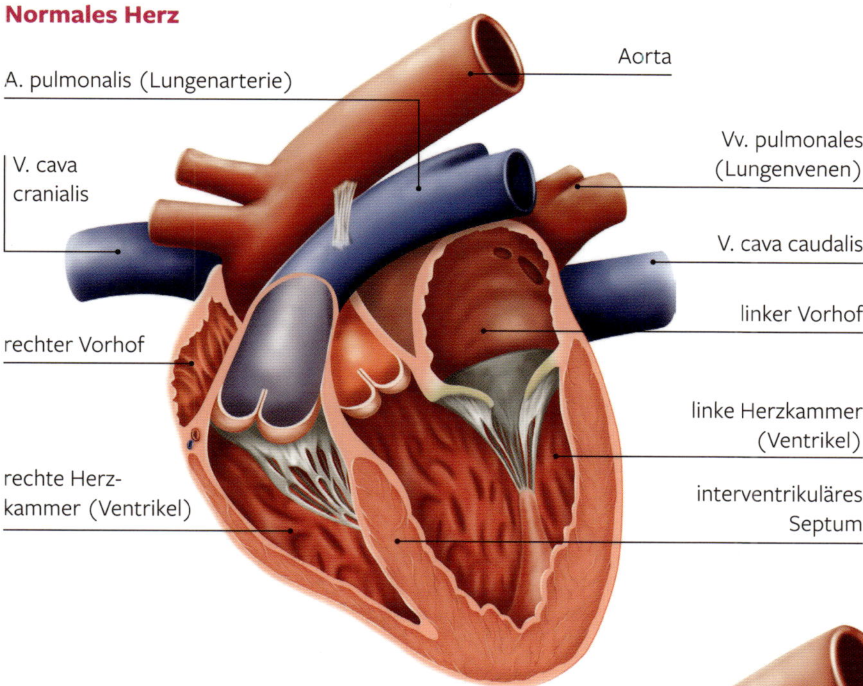

Die Ursache dieser Herzmuskelerkrankung ist meist unbekannt, sie betrifft typischerweise große und Riesenrassen. Auch Cocker Spaniel können erkranken. Die Echokardiografie ist das diagnostische Verfahren der Wahl.

Klinische Symptome

- Herzgeräusch und Galopprhythmus
- Atemprobleme
- kardiogener Husten
- Belastungsintoleranz
- möglicherweise Bauchumfangsvermehrung
- zunehmende Abmagerung und Verschlechterung des Zustands
- Arrhythmien im EKG: Sinustachykardie, Vorhofflimmern, ventrikuläre Tachyarrhythmie

Dilatative Kardiomyopathie

Männliche Tiere sind 4-mal häufiger betroffen als weibliche.

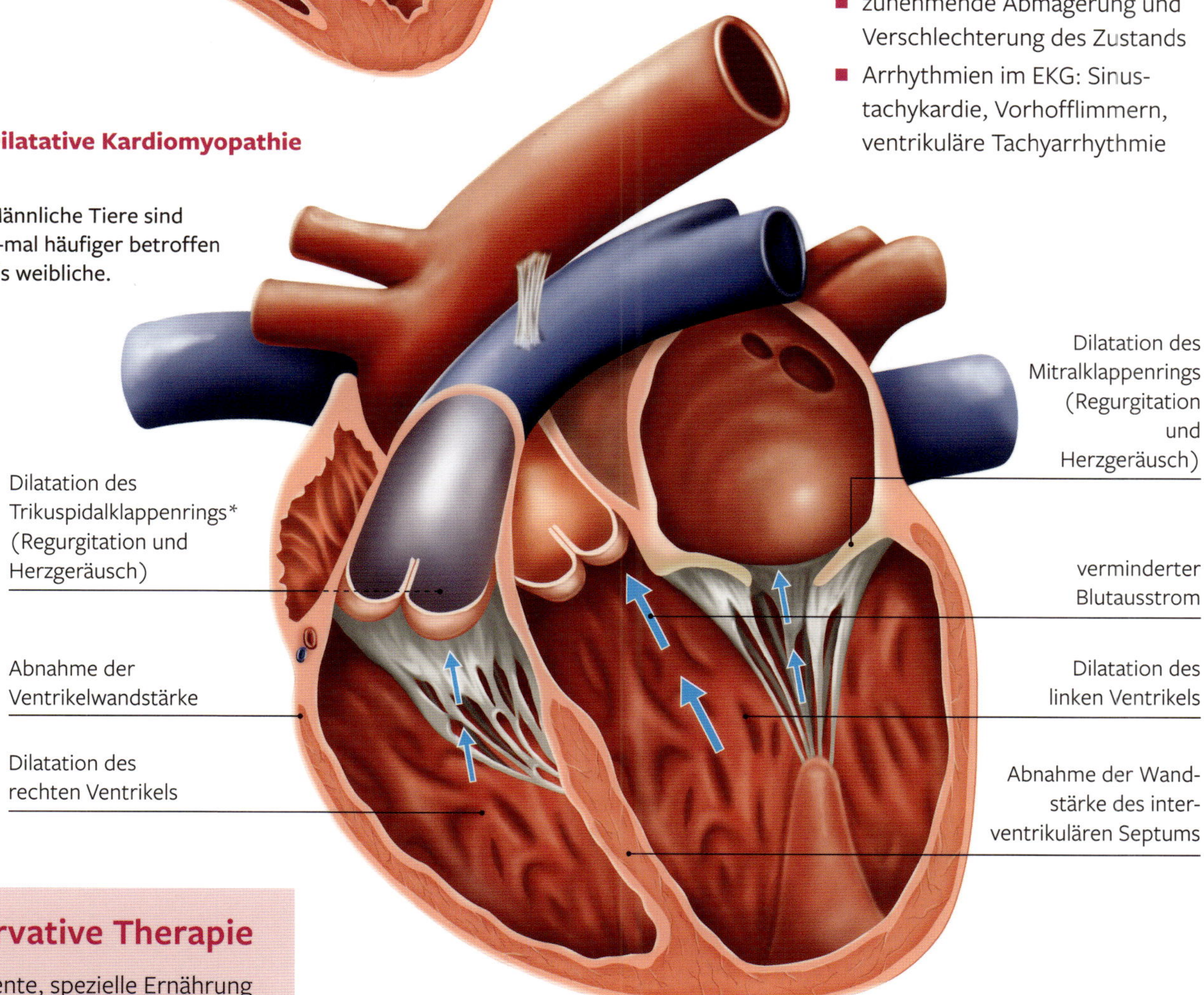

Konservative Therapie

Medikamente, spezielle Ernährung und reduzierte Belastung

* In der Zeichnung nicht sichtbar, da die Pulmonalarterie in einer weiter vorne befindlichen Ebene liegt.

2.20 Kongenitale Herzerkrankungen

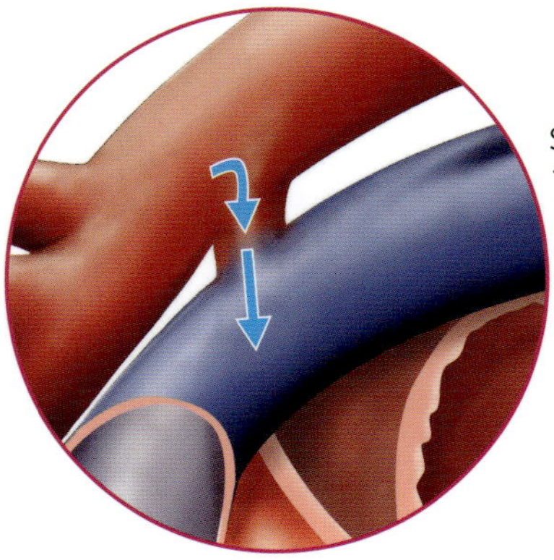

① Persistierender Ductus arteriosus (28 %)

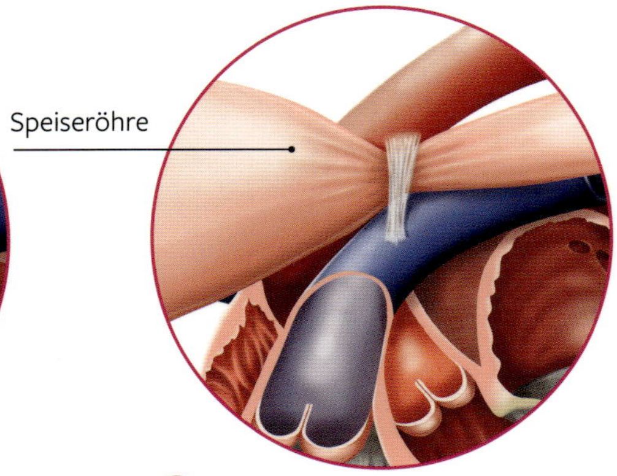

② Persistierender rechter Aortenbogen (8 %)

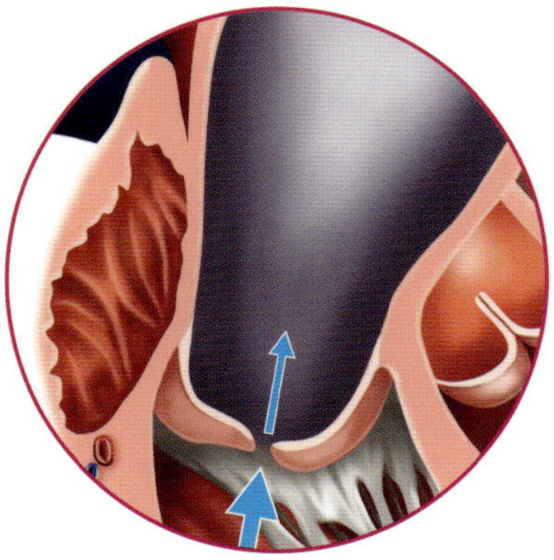

③ Pulmonalstenose (20 %)

Normales Herz

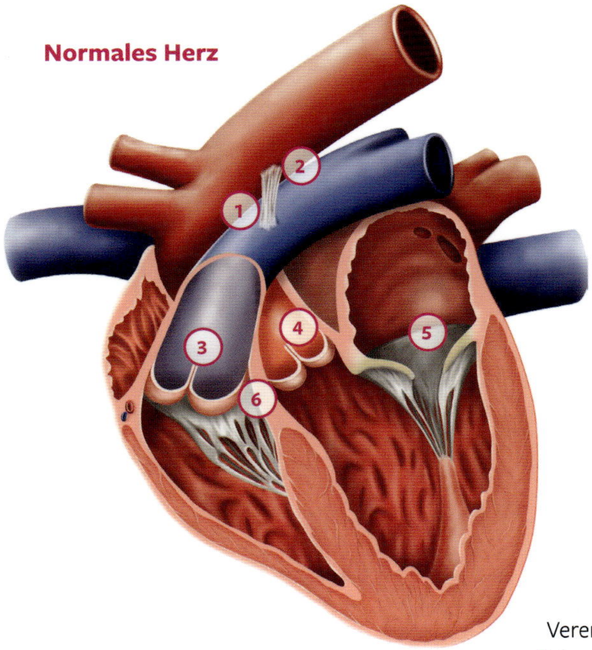

Die Gesamtprävalenz der kongenitalen Herzerkrankungen beträgt 0,8 %.

Diagnose: Kombination der klinischen Zeichen, Röntgen, EKG und Echokardiografie

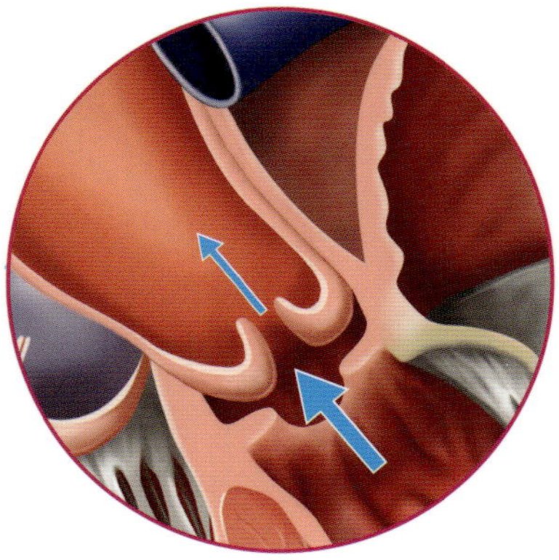

④ Aortenstenose (14 %)

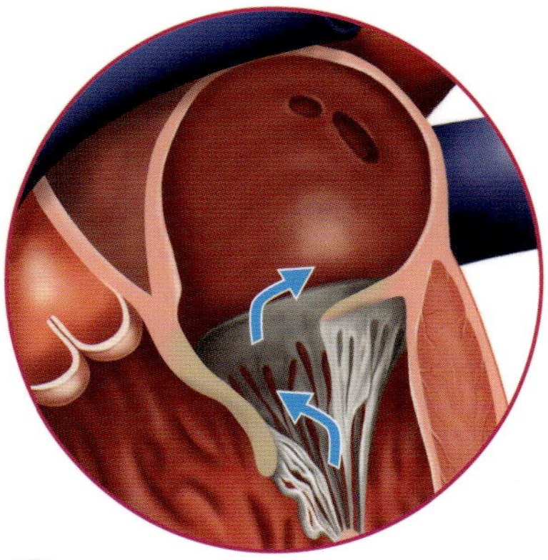

⑤ Dysplasie der Mitral- (häufiger) und Trikuspidalklappe (7 %)

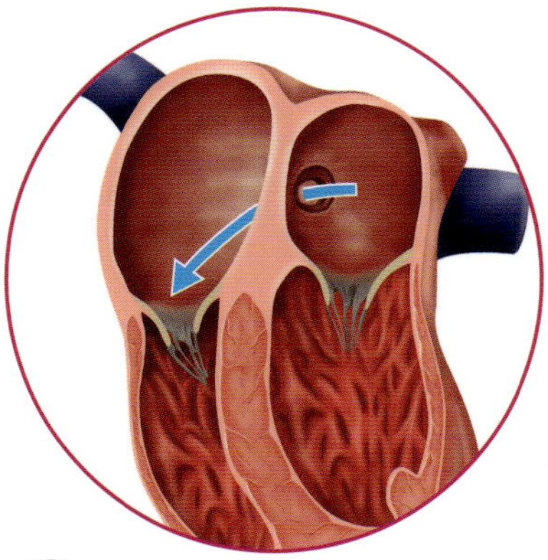

⑥ Defekte des interatrialen oder interventrikulären Septums (7 %)

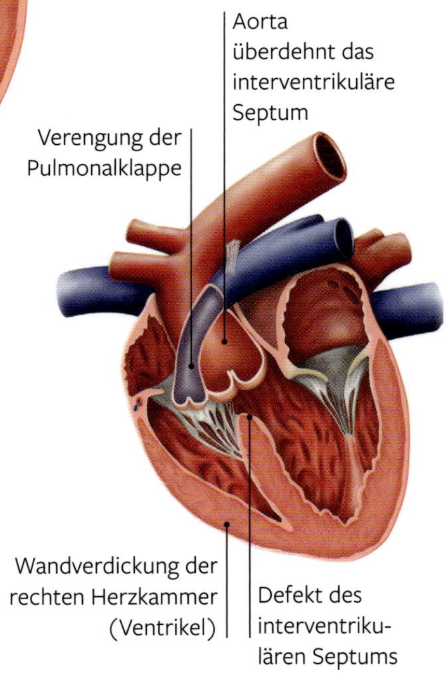

Fallot-Tetralogie (5 %)

2.21 Erworbene Klappenerkrankung

Kongestives Herzversagen (KHV)

Hauptursache von Herzerkrankungen in der klinischen Veterinärmedizin, verantwortlich für 75 % der Herz-Kreislauf-Erkrankungen bei Hunden. Die Mitralklappe ist in 60 % der Fälle betroffen, die Trikuspidalklappe in 10 % und beide Klappen in 30 % der Fälle.

Klappenerkrankungen haben einen chronisch-progressiven Verlauf und führen zu KHV.

Die Mitralklappeninsuffizienz verändert den Blutfluss vom Ventrikel zum linken Vorhof in jedem Herzzyklus (Mitralis-Regurgitation).

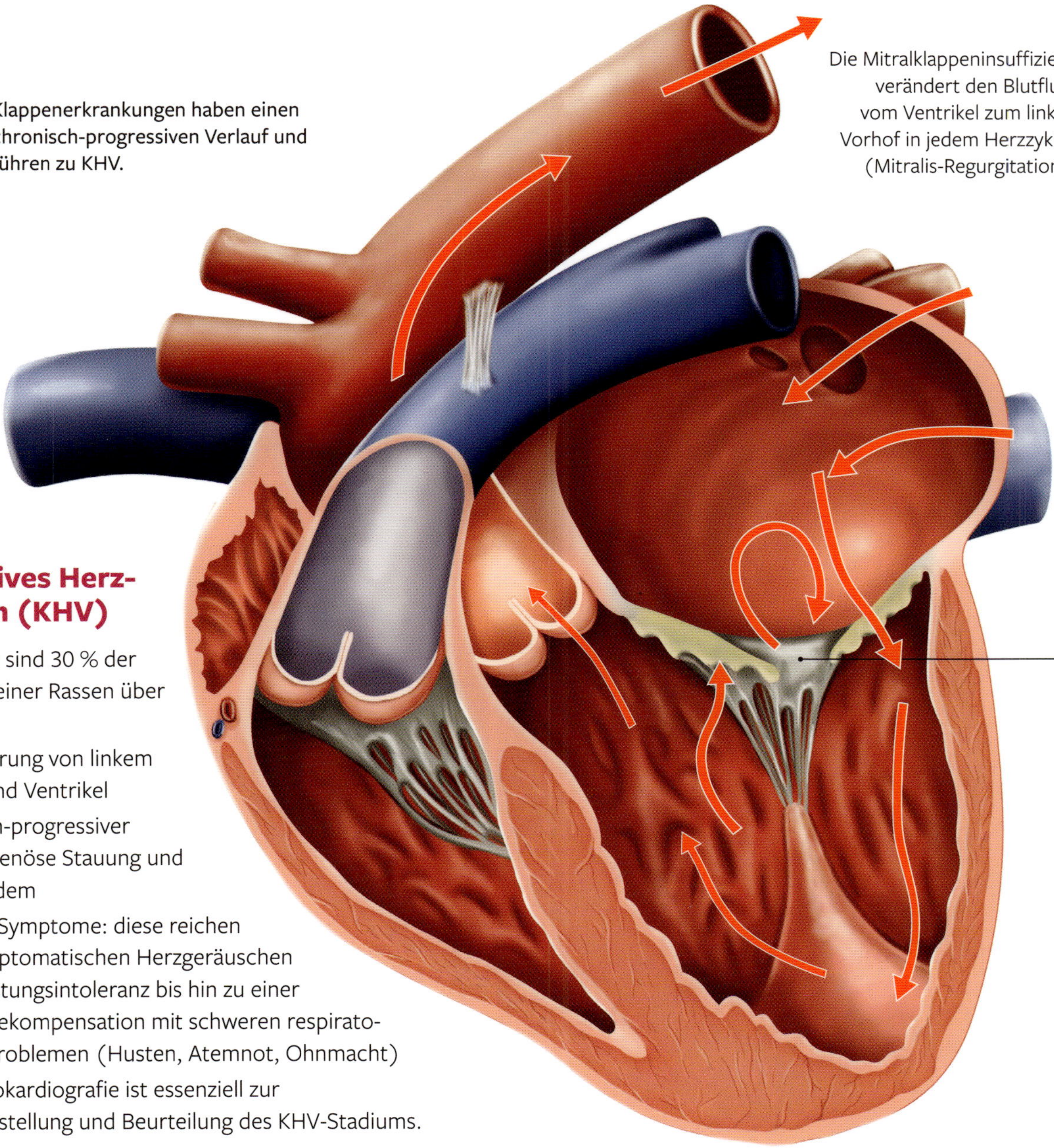

Kongestives Herzversagen (KHV)

- betroffen sind 30 % der Hunde kleiner Rassen über 10 Jahre
- Vergrößerung von linkem Vorhof und Ventrikel
- chronisch-progressiver Verlauf: venöse Stauung und Lungenödem
- klinische Symptome: diese reichen von asymptomatischen Herzgeräuschen und Belastungsintoleranz bis hin zu einer totalen Dekompensation mit schweren respiratorischen Problemen (Husten, Atemnot, Ohnmacht)
- Eine Echokardiografie ist essenziell zur Diagnosestellung und Beurteilung des KHV-Stadiums.

Konservative Therapie

Beinhaltet oft eine salzarme Ernährung und Medikamente unterschiedlichen Typs (Vasodilatatoren, Inotropika, Antiarrhythmika, Diuretika).

Eine genetische Form dieser Erkrankung betrifft Cavalier King Charles Spaniels.

2.22 Bluthochdruck (Hypertonie)

Messmethoden

Der Blutdruck ist ein Produkt aus dem Blutvolumen, das die linke Herzkammer (Ventrikel) pro Minute verlässt (Herzminutenvolumen) und dem gesamten peripheren Widerstand gegen den Blutfluss in den Blutgefäßen. Das Herzminutenvolumen hängt von der Herzfrequenz und vom Herzschlagvolumen ab.

Regulation des Blutdrucks

Der Blutdruck wird sehr effektiv durch komplexe Wechselwirkungen zwischen Nieren, Blutgefäßen, Nervensystem und Herz reguliert. Wenn diese Regulation versagt, kann es zu einem kontinuierlichen Druckanstieg kommen, was zu einem sog. **arteriellen Bluthochdruck (Hypertonie)** führt.

Blutdruckmessung

- **Doppler-Technik:** Erfordert Manschetten und ein Doppler-Messgerät sowie das Scheren des Fells über der Palmar- oder Schwanzarterie. Das Doppler-Messgerät ist mit Gel bedeckt, um seine Leistung zu verbessern.
- **Oszillometrische Technik:** Die am häufigsten verwendete Technik bei Hunden. Es ist wichtig, Manschetten in der richtigen Größe für den Durchmesser der Pfote oder des Schwanzes des jeweiligen Hundes zu verwenden.

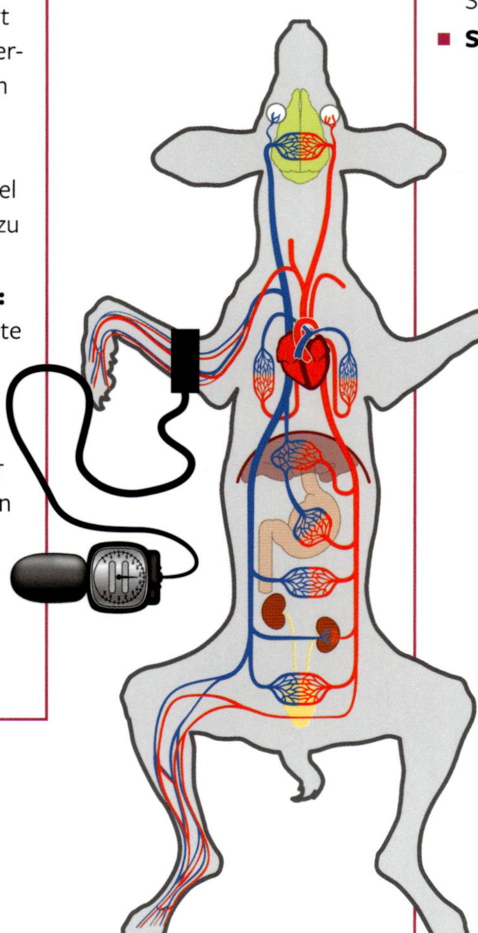

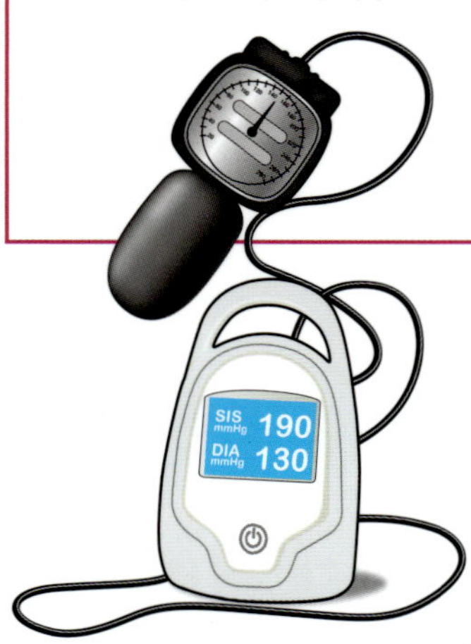

Der normale Blutdruck bei Hunden liegt in einem Bereich von 120–150 mmHg.

Zielorgane

Es gibt eine Reihe von Organen, die vorwiegend von einer Schädigung durch Bluthochdruck betroffen sind:

- **Augen:** Ödem und Netzhautablösung
- **Herz:** linksventrikuläre Hypertrophie
- **Nieren:** chronisches Nierenversagen
- **Nervensystem:** ischämische Läsionen oder Schlaganfälle
- **Sonstiges:** Nasenbluten (Epistaxis)

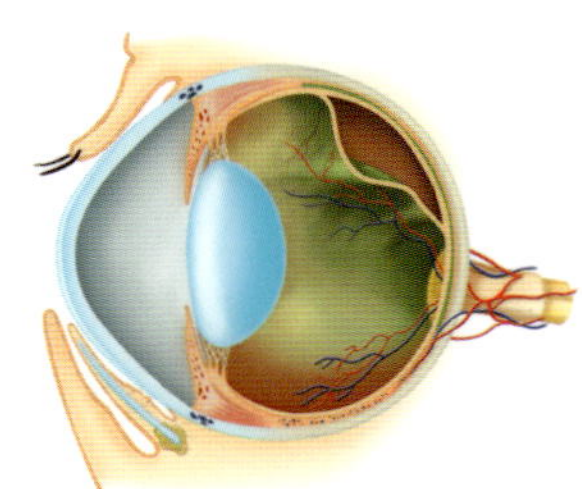

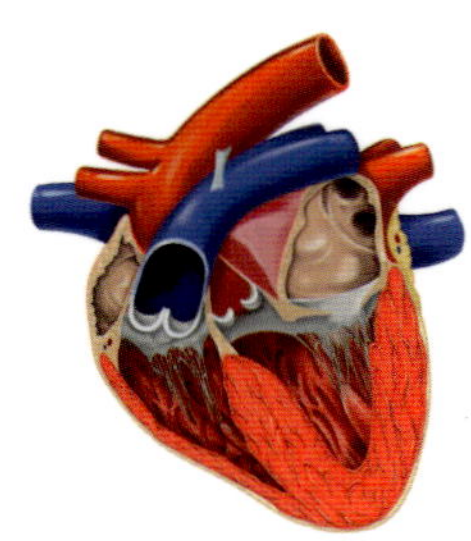

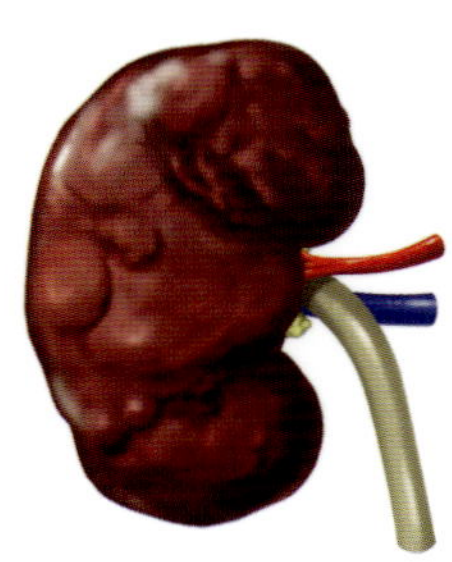

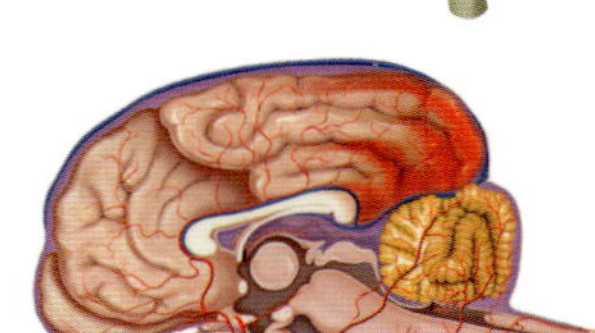

2.23 Interventionelle Techniken und Geräte

Minimalinvasive chirurgische oder interventionelle Verfahren wurden in den letzten Jahren entwickelt, um Verbesserungen in Bezug auf Genesungszeit, Sterblichkeit und Analgesie bei komplizierten chirurgischen Eingriffen und solchen in schwer zugänglichen anatomischen Bereichen zu erreichen. Dank des technologischen Fortschritts können Tierärzte Geräte verwenden, um Krankheiten zu heilen, die früher unbehandelbar waren. Einige dieser Geräte werden im Folgenden beschrieben.

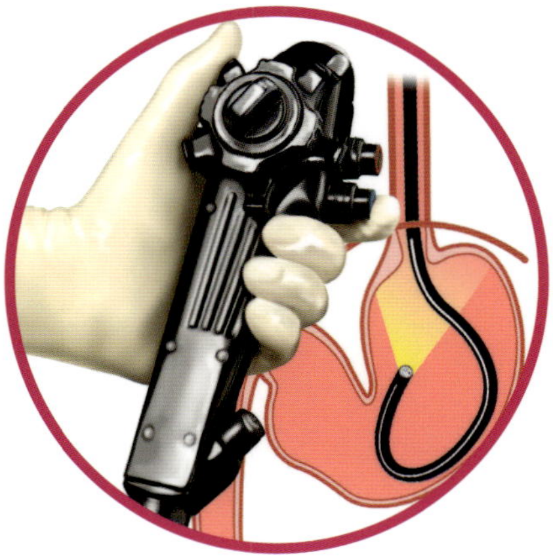

Endoskope

Sehr dünne optische Geräte, die mit einer starren oder flexiblen Hülle bedeckt sind. Diese werden über schmale Kanäle eingeführt und dienen der Visualisierung bestimmter Strukturen, die dann operiert werden können (Schnitt, Extraktion, Naht, Kauterisation etc.).

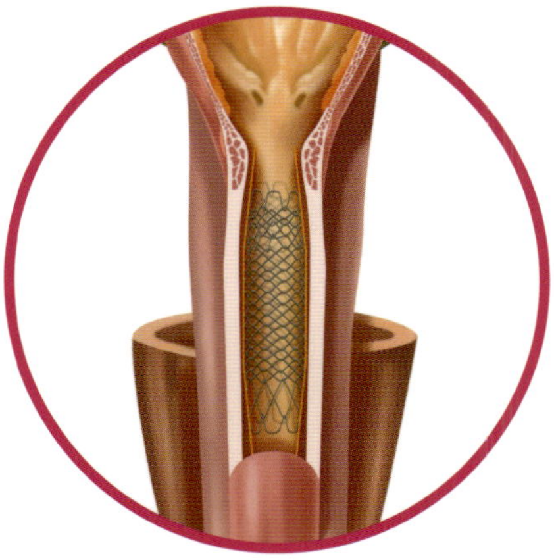

Endoprothesen (Stents)

Tubuläre Dilatatoren, die dauerhaft oder vorübergehend in deformierten oder verengten Kanälen platziert werden und den Durchgang von Luft (Tracheal- oder Nasopharynx-Stent), Urin (Harnleiter- und Urethra-Stent) oder Blut ermöglichen.

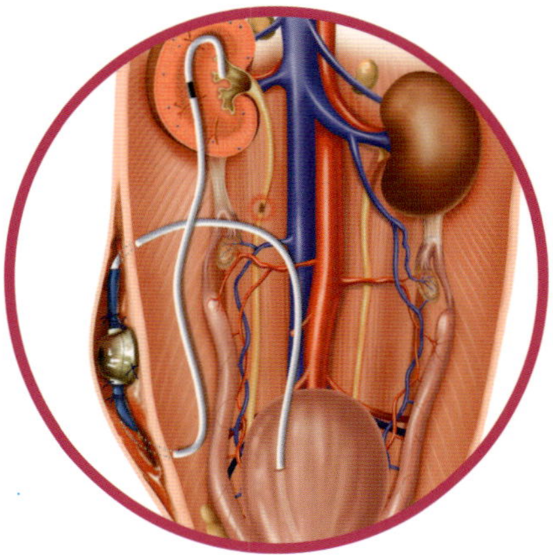

Drainage-Katheter

Aus sehr weichen, gesundheitlich unbedenklichen Materialien gemacht; ermöglichen einen dauerhaften Abfluss von Flüssigkeiten aus Brust, Bauch oder Nierenbecken (subkutaner Ureter-Bypass, SUB).

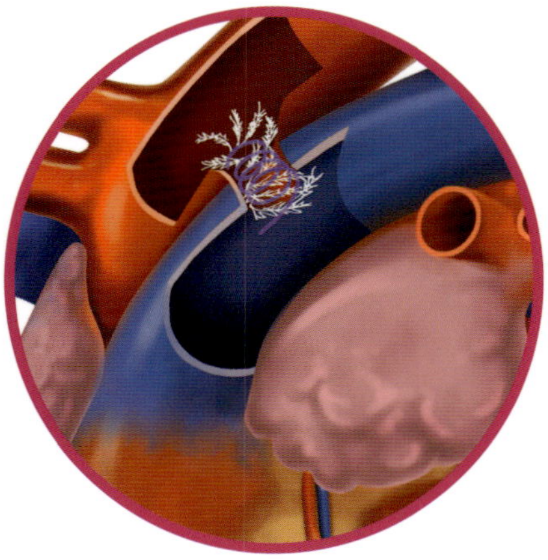

Intravaskuläre Geräte

Diese werden unter radiologischer Führung in Blutgefäße eingebracht und helfen, Gefäßfehlbildungen zu verschließen. Derzeit werden zwei Typen verwendet: Embolisations-Coils und Amplatzer-Geräte.

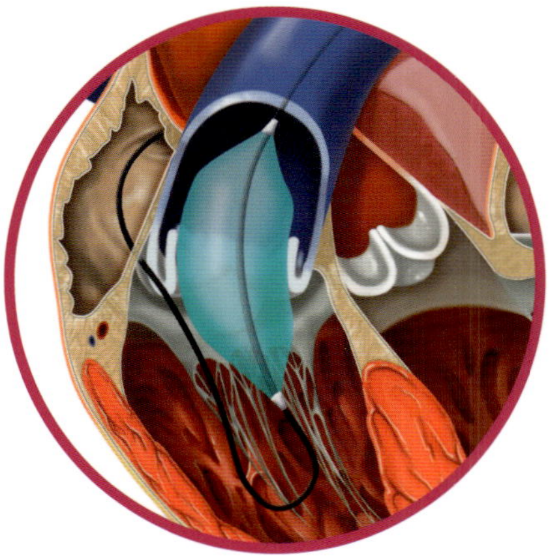

Ballonkatheter

Diese werden in verengte Blutgefäße, fehlgebildete Herzklappen oder natürliche enge Kanäle (z. B. Harnröhre, Nasopharynx oder Speiseröhre) eingeführt und unter hohem Druck aufgeblasen, um das verengte Lumen zu erweitern.

2.24 Erworbene Erkrankungen des Kehlkopfes (Larynx) und der Luftröhre (Trachea)

Larynxparalyse

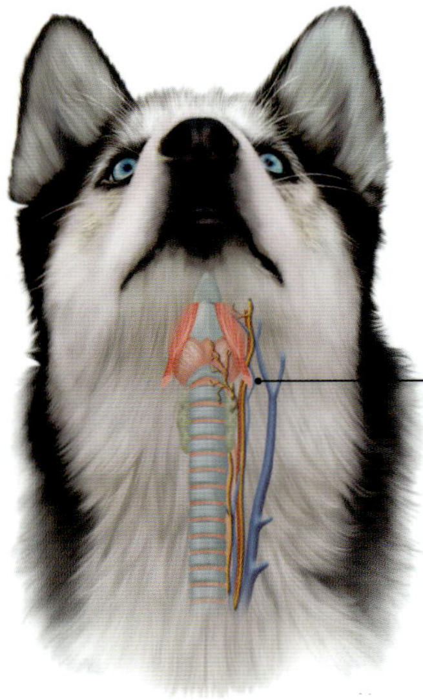

- erworbene Erkrankung bei Hunden >9 Jahren
- Einer oder beide Nn. laryngei recurrentes sind beschädigt; daher öffnet sich der Knorpel des Kehlkopfes nicht, wenn beim Einatmen Luft eintritt. Dies führt zu einer geräuschvollen Atmung, die sich bei körperlicher Anstrengung verschlimmert und in schweren Fällen aufgrund von Sauerstoffmangel zum Kollaps führen kann.
- Die endgültige Diagnose wird durch Endoskopie des Kehlkopfs am sedierten Patienten und Beobachtung der abnormen Bewegung eines oder beider Aryknorpel gestellt.
- In schweren Fällenwird eine Operation zur definitiven Therapie eingesetzt. Die Prognose ist sehr gut.

Trachealkollaps

- Dies ist eine häufige Erkrankung älterer Hunde, die durch eine dorsoventrale Abflachung der Trachealringe und eine Schlaffheit des dorsalen Trachealbandes verursacht wird. Es handelt sich um einen degenerativen Prozess.
- Das typische klinische Symptom ist ein trockener Husten, der wie ein Horn klingt und sich bei Anstrengung oder Aufregung verschlimmert.
- Die Diagnose erfordert eine dynamische Radiografie (Fluoroskopie) oder Endoskopie.
- Eine konservative Therapie ist in den meisten Fällen kurativ; schwere oder sehr chronische Fälle können jedoch einen chirurgischen Eingriff erfordern, der eine günstige Prognose hat.

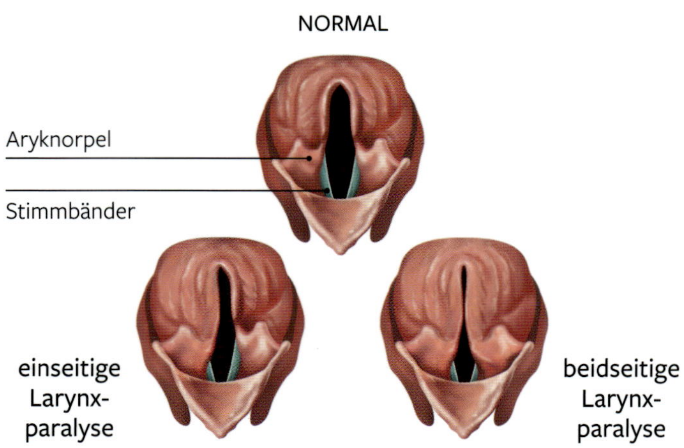

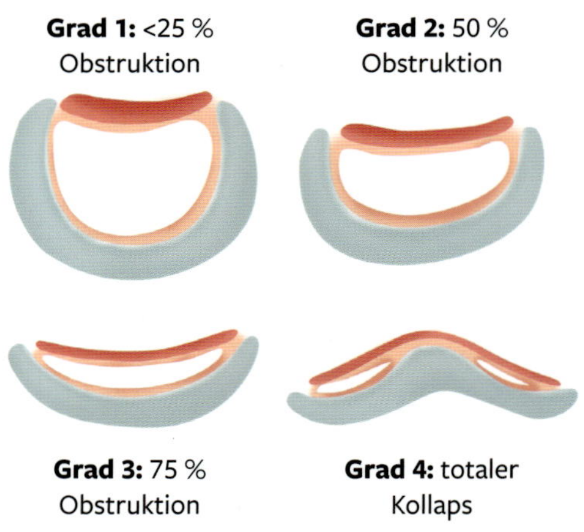

2.25 Brachyzephales Syndrom

Dieses Syndrom umfasst mehrere Anomalien, die das Atmen erschweren: verengte (stenotische) Nasenlöcher, verlängerter weicher Gaumen, ausgestülpte Kehlkopfsäckchen, Kehlkopfkollaps, unterentwickelte Luftröhre und Verdickung des Zungengrunds. Die am häufigsten betroffenen Rassen sind Englische Bulldogge, Französische Bulldogge, Boston Terrier, Pekinese, Mops, Shih Tzu, Boxer und Lhasa Apso.

Klinische Symptome

- Atembeschwerden (Dyspnoe)
- Atemgeräusche (Rasseln und Stridor)
- Belastungs- oder Stressintoleranz
- bläulich verfärbte Schleimhäute (Zyanose)
- möglicherweise Synkopen und Kollaps

Die häufigste Symptomkombination besteht aus verengten (stenotischen) Nasenlöchern, verlängertem weichen Gaumen und ausgestülpten Kehlkopfsäckchen (26 % der Fälle).

Chirurgische Therapie

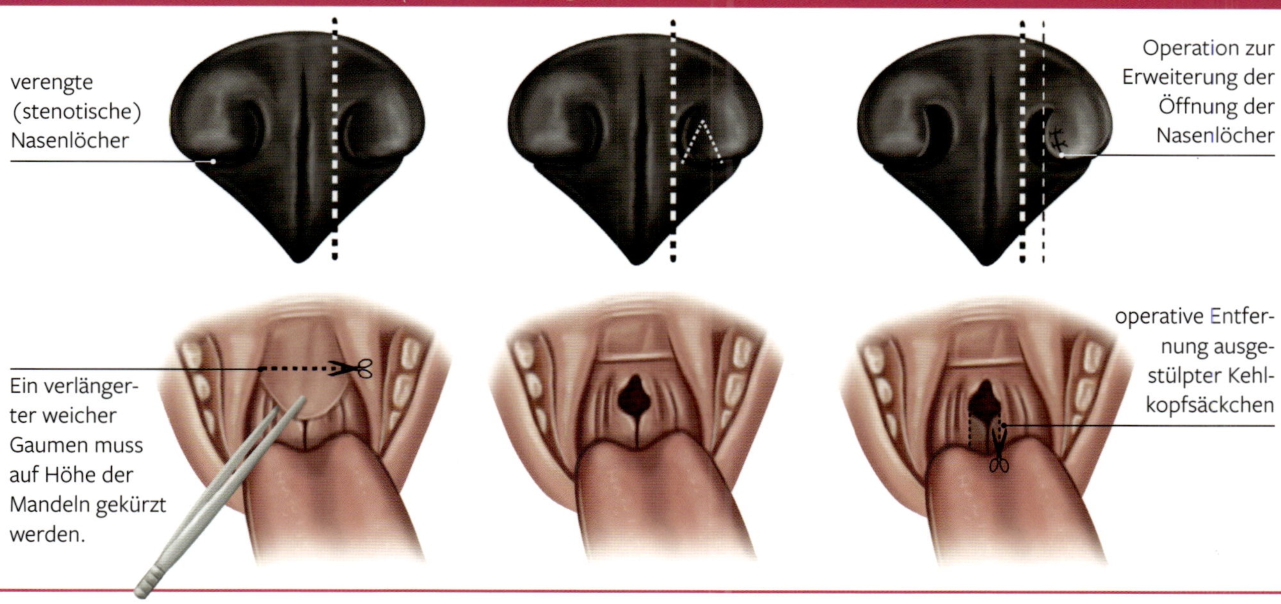

Chirurgische Therapie

- Es können konventionelle oder laserchirurgische Techniken eingesetzt werden.
- Korrektur verengter Nasenlöcher
- operative Entfernung des verlängerten weichen Gaumens und der ausgestülpten Kehlkopfsäckchen
- Larynxabduktionstechniken, wenn eine Kehlkopflähmung auftritt

2.26 Peritoneoperikardiale Zwerchfellhernie

Dies ist die häufigste angeborene Perikarderkrankung bei Hunden. Aufgrund einer Entwicklungsstörung entsteht eine permanente Verbindung zwischen der Bauchöhle und dem Herzbeutel, wodurch einige Bauchorgane das Herz umgeben. Die Inzidenz ist bei Rüden höher (58 %); eine Rasseprädisposition wird beim Weimaraner beschrieben.

Meist verbunden mit Fehlbildungen des Brustbeins, Bauchhernien und Herzfehlern.

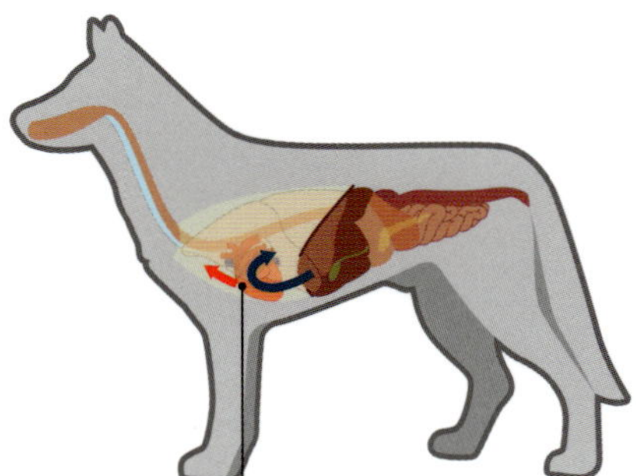

Durch den Druck der Bauchorgane gegen den Herzbeutel wird das Herz nach vorne geschoben.

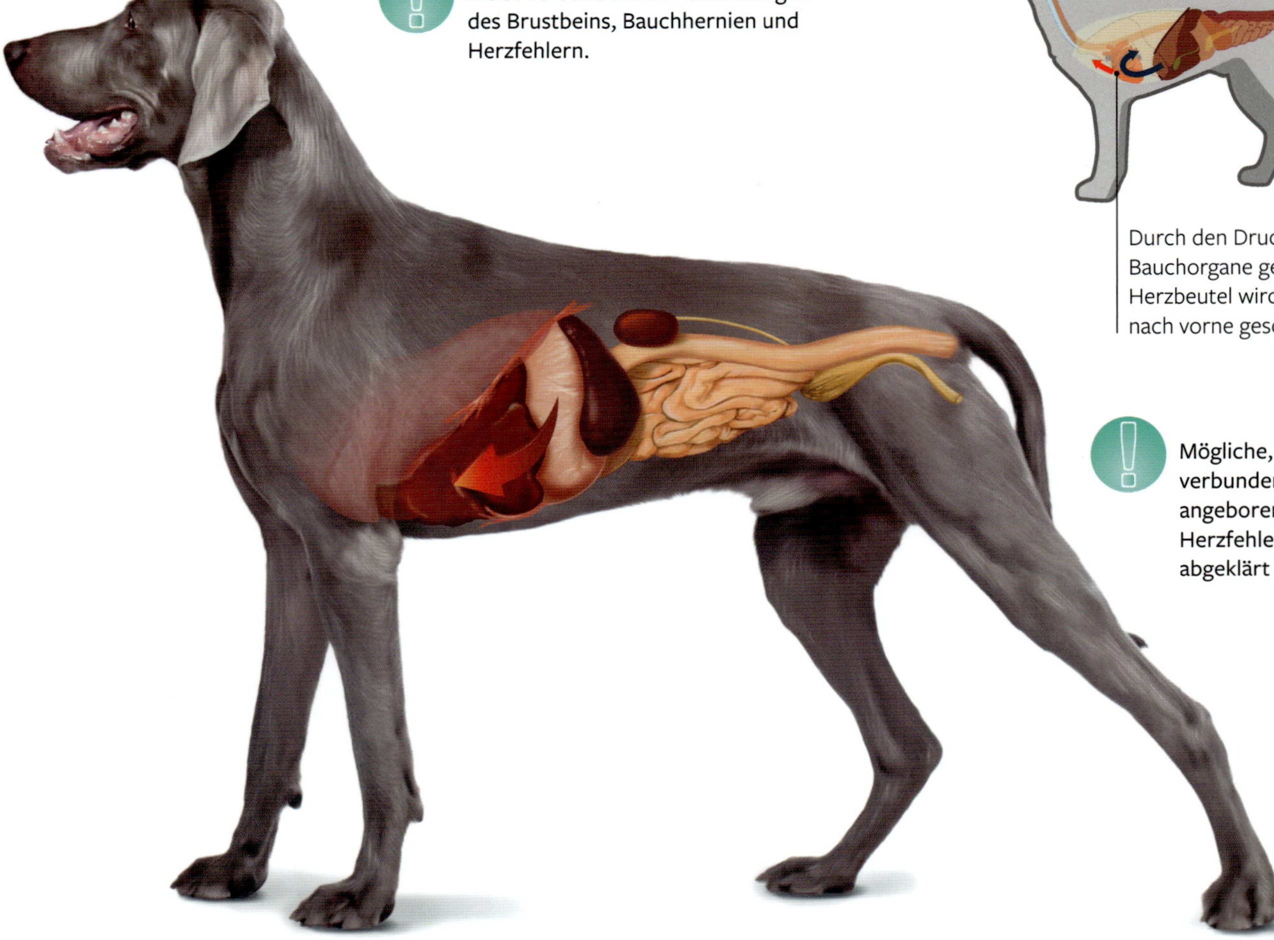

Mögliche, damit verbundene angeborene Herzfehler sollten abgeklärt werden.

Die Diagnose wird röntgenologisch gestellt und durch Ultraschall bestätigt.

Klinische Symptome

- abhängig von der Größe der Hernie und der betroffenen Organe
- Gastrointestinaltrakt: Erbrechen, Durchfall, Bauchschmerzen, Anorexie, Koliken und Gewichtsverlust
- Atemwege: Atemnot, Husten, gesteigerte Atemfrequenz und Belastungsintoleranz
- In einigen Fällen sind betroffene Tiere völlig asymptomatisch.

Chirurgische Behandlung

Zurücklagerung der vorgefallenen Organe und anschließender Defektverschluss

2.27 Pneumothorax und Pleuraerguss

Pneumothorax

Ansammlung von Luft oder Gas im Pleuraraum (zwischen Lunge und Brustwand), gewöhnlich beidseitig. Kann spontan oder traumatisch (Lungenverletzung) verursacht sein.

Pleuraerguss

Ansammlung von Flüssigkeit im Pleuraraum (zwischen Lunge und Brustwand), mit zunehmender Beeinträchtigung der Atmung

Die Analyse der durch Punktion gewonnenen Pleuraflüssigkeit hilft bei der Diagnose der Ursache.

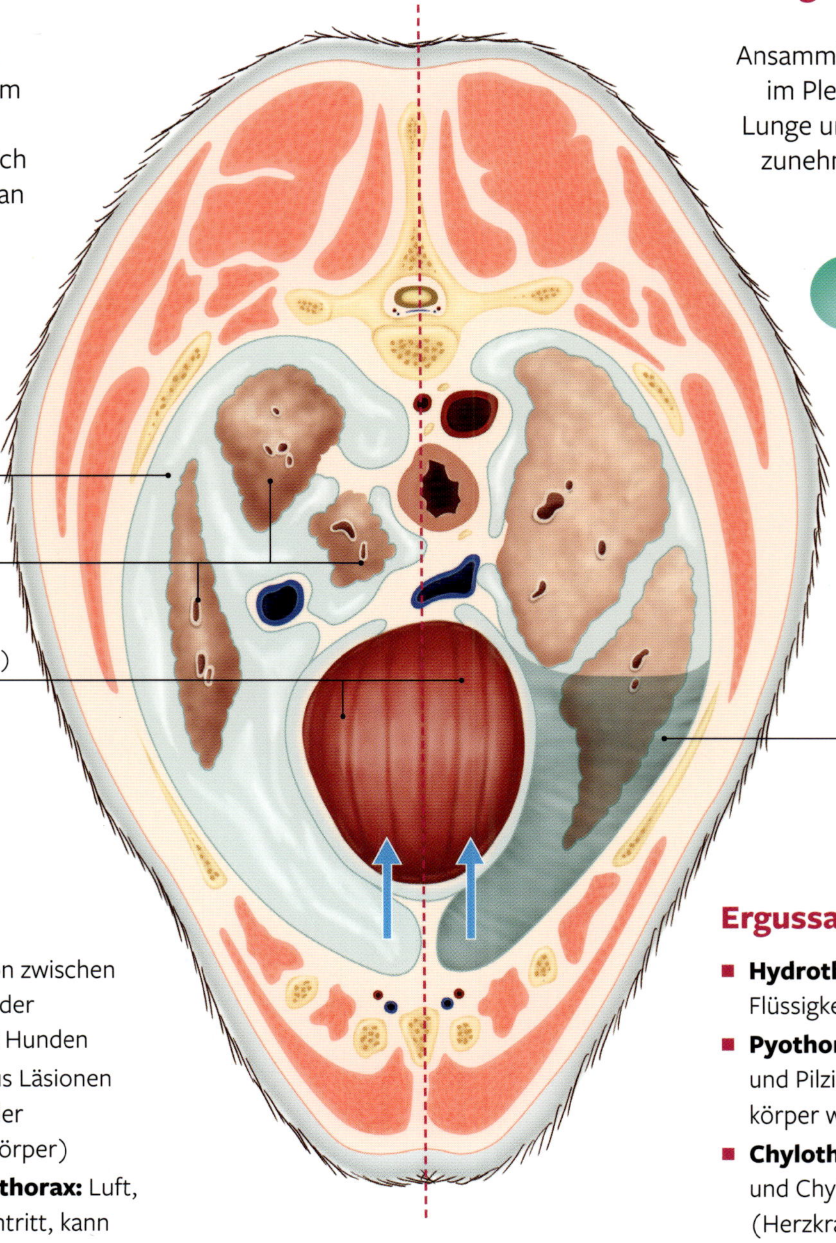

Arten des Pneumothorax

- **offen:** Kommunikation zwischen dem Pleuraraum und der Außenwelt; selten bei Hunden
- **geschlossen:** Luft aus Läsionen der Atemwege oder der Speiseröhre (Fremdkörper)
- **Spannungspneumothorax:** Luft, die beim Einatmen eintritt, kann beim Ausatmen nicht austreten. Dies ist ein akut lebensbedrohlicher Notfall und muss schnellstmöglich behandelt werden.

Ergussarten

- **Hydrothorax:** seröse Flüssigkeit (Tumore, Hernien)
- **Pyothorax:** Eiter (Bakterien- und Pilzinfektionen, Fremdkörper wie Grasgrannen)
- **Chylothorax:** Lymph- und Chylusflüssigkeit (Herzkrankheit)
- **Hämothorax:** Blut (Trauma, Koagulopathien, Tumore)

Konservative Therapie

- Thoraxpunktion und langsames Absaugen der angesammelten Luft oder Flüssigkeit
- Behandlung des Auslösers

Chirurgische Therapie

Anlage einer Thoraxdrainage

Häufige klinische Symptome

- beeinträchtigte, flache und schnelle Atmung
- Belastungsintoleranz
- Röntgen (mit Sauerstofftherapie): röntgendichtes Lungenfeld, abgerundete Lungenränder, Verlust der Herzsilhouette

2.28 Diabetes mellitus bei Hunden

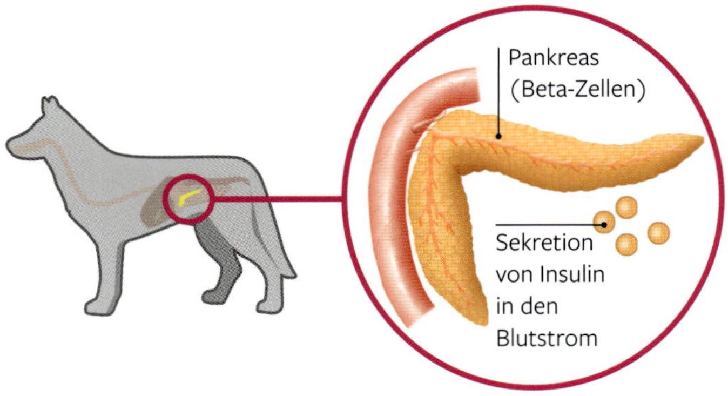

Es handelt sich um eine Veränderung im Stoffwechsel von Kohlenhydraten, Fetten und Proteinen, die dadurch verursacht wird, dass Insulin nicht produziert oder nicht richtig verwertet wird. Die Inzidenz steigt bei älteren Tieren (durchschnittlich 7–9 Jahre) und Hündinnen.

Rasseprädisposition: Pudel, Scottish Terrier, Dackel, Cairn Terrier und Schnauzer

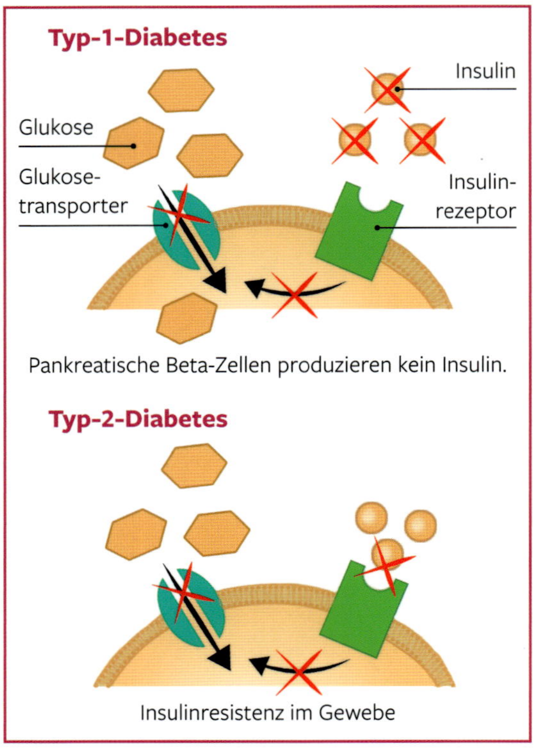

Klinische Symptome

- Polyurie und Polydipsie
- Polyphagie und Gewichtsverlust
- persistierende Anwesenheit von Glukose in Blut und Urin

Diabetes verursacht chronische Komplikationen wie Erblindung durch Kataraktbildung, chronische Pankreatitis und rezidivierende Infektionen der Harnwege, Atemwege und Haut sowie diabetische Ketoazidose (hypovolämischer Schock in Verbindung mit schweren Elektrolytstörungen und Multiorganversagen).

Konservative Therapie

- Insulin
- Behandlung der Auslöser
- Monitoring durch regelmäßige Bestimmungen von Blutglukose und Glukosurie

Diätetische Maßnahmen

Diät: kohlenhydratreduziert und proteinreich

Empfehlungen

- Regelmäßige Bewegung beugt Hyperglykämien vor und verbessert die Insulinaufnahme.
- Die Kastration von Hündinnen ist das beste Mittel, um einen Diabetes zu kontrollieren.

2.29 Hyperadrenokortizismus

Cushing-Syndrom

Charakterisiert durch anhaltende und chronische Erhöhung der Plasmakonzentrationen von Glukokortikoiden. Sie kann endogen (Störung der Hypophyse oder der Nebennieren) oder exogen (wiederholte Gabe von Glukokortikoiden) sein.

Das häufigste Erkrankungsalter liegt zwischen 8–12 Jahren, wobei die Inzidenz bei Hündinnen höher ist.

Rasseprädisposition: teilweise Pudel und Dackel, sowie Beagle, Boston Terrier und Boxer

Klinische Symptome

- Polyurie und Polydipsie
- Polyphagie
- vergrößertes Abdomen, Hepatomegalie
- bilateral symmetrische Alopezie, sehr dünne Haut, Pyodermie
- Keuchen, Muskelschwäche und Lethargie

Konservative Therapie

- Behandlung der Ursache des Hyperthyreoidismus
- Gabe von Nebennierenhemmern

Chirurgische Therapie

bei Nebennierentumoren (Adrenalektomie)

2.30 Hypoadrenokortizismus

Morbus Addison

Mangelhafte Produktion von Glukokortikoiden, Mineralokortikoiden oder beidem durch die Nebennieren. Kann primär oder sekundär bedingt sein. Die Inzidenz ist höher bei Hunden jungen und mittleren Alters sowie bei intakten Hündinnen.

Primärer Hypoadrenokortizismus

Beteiligung der Nebennieren:

- ↓ Glukokortikoide (Kortisol)
- ↓ Mineralokortikoide (Aldosteron)

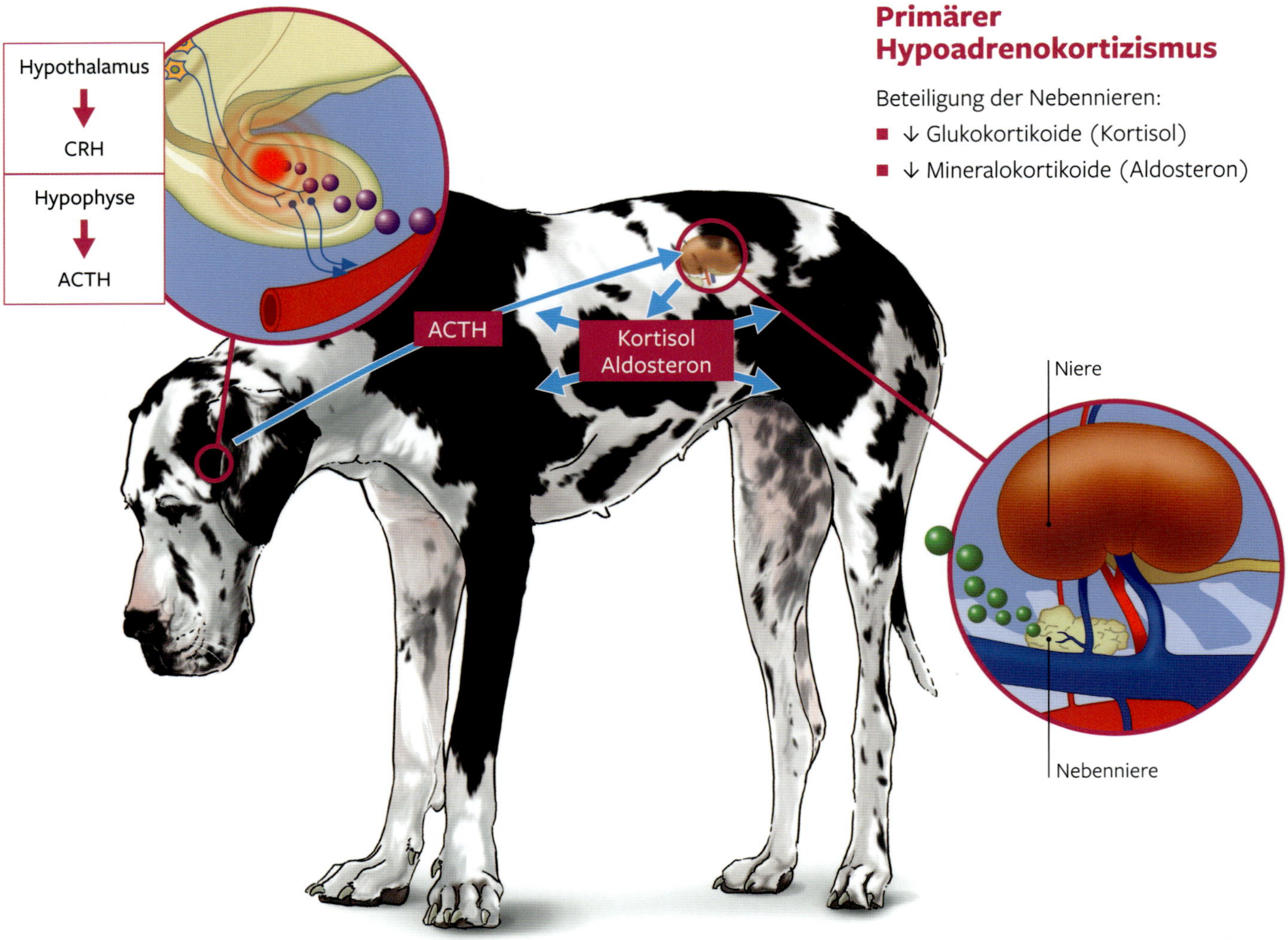

Sekundärer Hypoadrenokortizismus

- Beteiligung des Hypothalamus oder der Hypophyse (Veränderungen der CRH- und ACTH-Sekretion)
- exogene Glukokortikoidgabe

Klinische Symptome

- akuter Verlauf: Zusammenbruch als Reaktion auf Stress; auch schwacher Puls, Bradykardie, Bauchschmerzen, Erbrechen, Durchfall, Dehydration und Hypothermie
- chronischer Verlauf (häufiger): unspezifische Anzeichen, die durch Stress verschlimmert werden, einschließlich Anorexie, Erbrechen, Lethargie, Depression und Schwäche

Konservative Therapie

Mineralokortikoid- und/oder Glukokortikoid-Supplementierung

Empfehlungen

Wichtig: Eine Behandlung mit Kortikosteroiden sollte schrittweise reduziert werden.

2.31 Hypothyreose bei Hunden

Mangelhafte Sekretion von Schilddrüsenhormonen durch die Schilddrüse. Betrifft sowohl junge (angeborene oder erworbene) als auch erwachsene Hunde. Kann primär, sekundär oder tertiär bedingt sein.

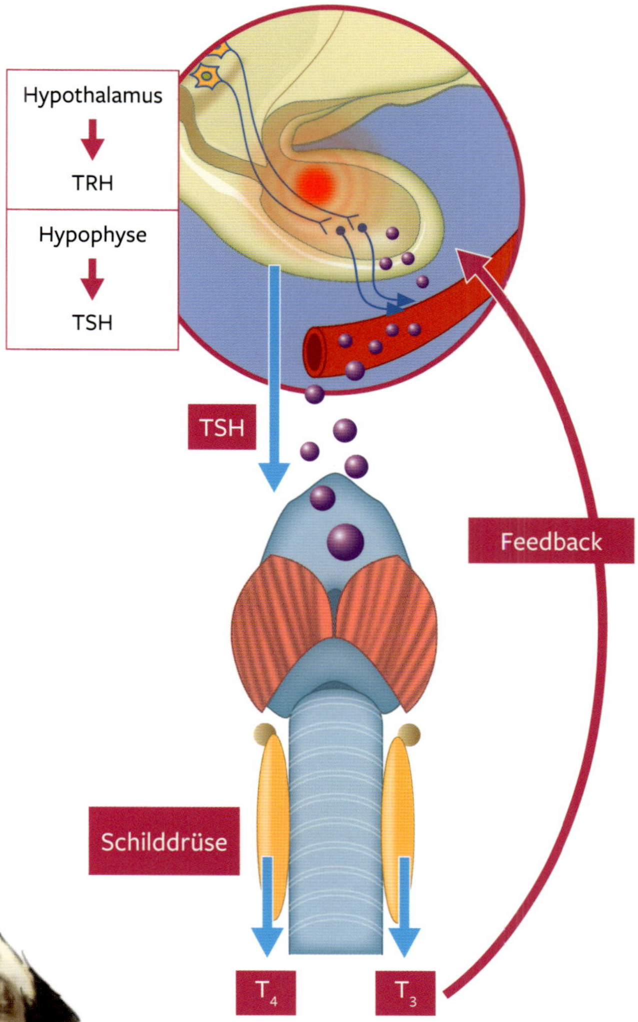

Primäre Hypothyreose (> 95 %)

Beteiligung der Schilddrüse (↓ T_4 und T_3), meist verursacht durch einen Autoimmunprozess (Autoimmunthyreoiditis)

Sekundäre oder tertiäre Hypothyreose (< 5 %)

Beteiligung der Hypophyse oder des Hypothalamus (Veränderung der TSH- und TRH-Sekretion)

Oft bei mittelgroßen und großen Rassen, besonders Golden Retriever, Irish Setter, Dobermann, Beagle, Cocker Spaniel, Dachshund, Zwergschnauzer und Airdale Terrier.

Klinische Symptome

- variabel: von asymptomatisch bis schwer
- unspezifisch: Schwäche, Lethargie, Belastungs- und Kälteintoleranz, trockenes, stumpfes Fell und Fettleibigkeit
- nach Organsystemen: dermatologische (symmetrische Alopezie, verdickte Haut, Infektionen), neuromuskuläre, kardiale, reproduktive, okulare, Verhaltensstörungen etc.

Konservative Therapie

Lebenslange Supplementierung mit Schilddrüsenhormonen.

2.32 Hautstrukturen bei Hunden

Hautschichten

1. Epidermis
2. Dermis
3. subkutanes Gewebe oder Hypodermis

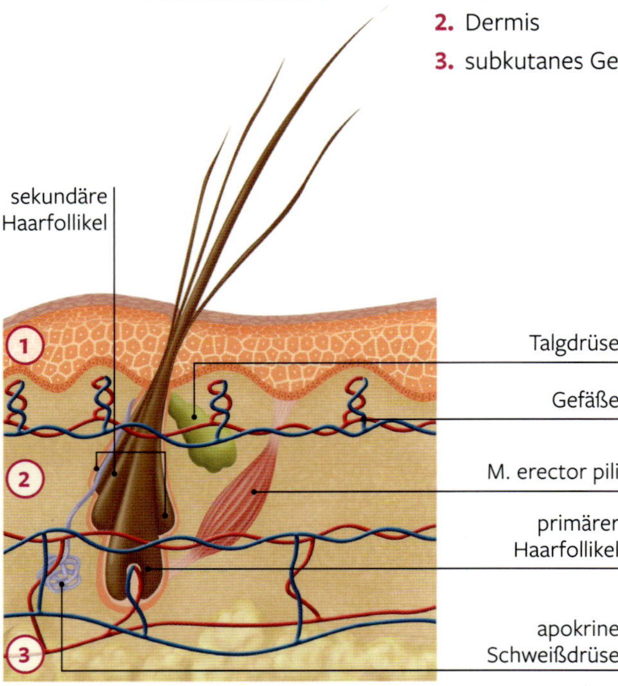

Normales Haar

Der Haarwechsel findet zweimal jährlich statt (Frühjahr und Winterbeginn). Bei Hunden, die im Haus gehalten werden, ohne größere Temperaturschwankungen, kann der Fellwechsel das ganze Jahr über anhalten.

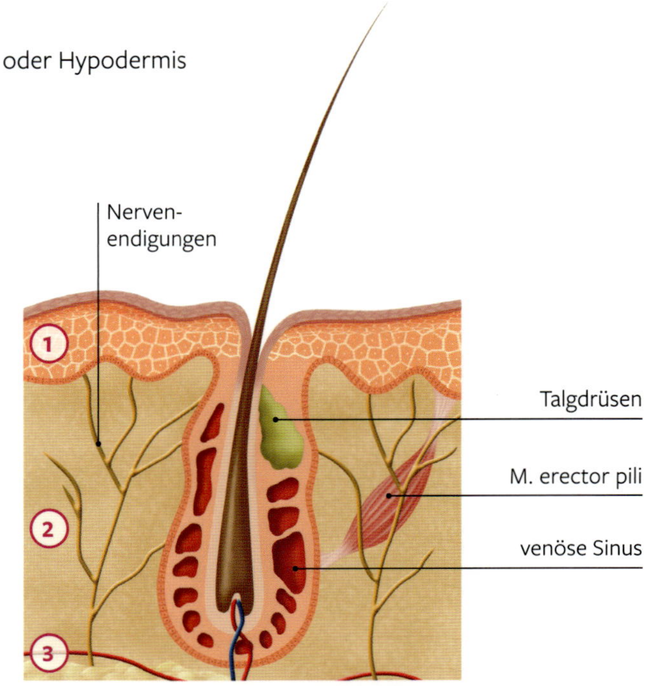

Tasthaar oder Vibrisse

Obwohl sie nicht so empfindlich gegenüber Druckänderungen und Luftströmungen sind wie bei Katzen, finden sich diese spezialisierten Haare bei Hunden in verschiedenen Bereichen des Gesichts.

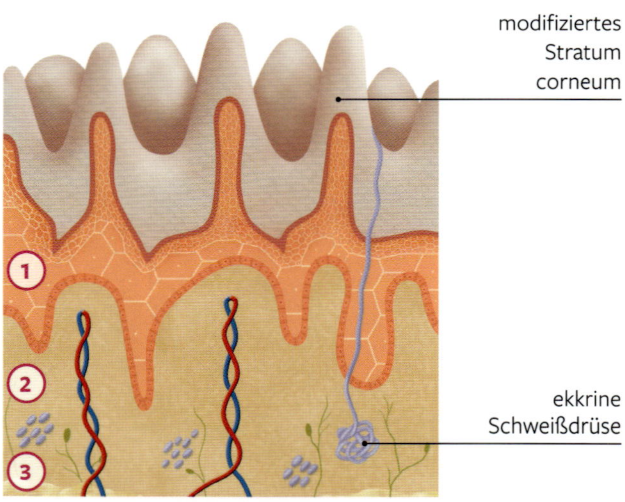

Zehenballen

- Stark veränderte Hautareale bestehend aus nicht komprimierbaren Fettzellen und elastischen Bereichen.
- Die Schweißdrüsen dienen der Reviermarkierung.

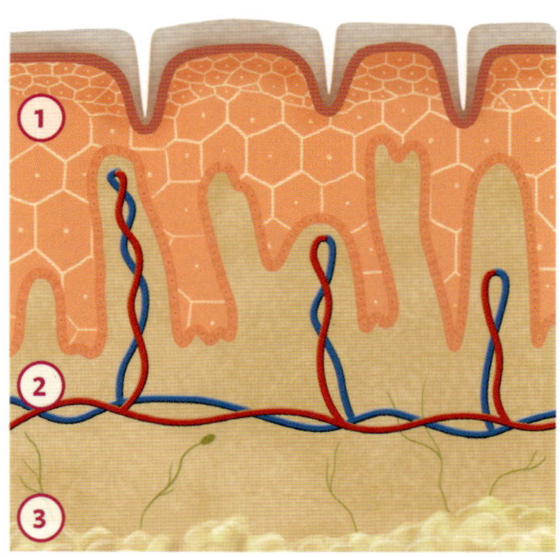

Nasenepithel (Schnauze)

- Feuchtigkeit und Temperatur der Nase eines Hundes sind nicht immer ein Hinweis auf seine Gesundheit; aufgrund von Sonneneinstrahlung kann die Nase z. B. heiß und trocken sein.
- Ist die Nase unpigmentiert, ist es ratsam, für einen Schutz vor Sonnenlicht zu sorgen.

2.33 Ektoparasiten

Zecken und Flöhe

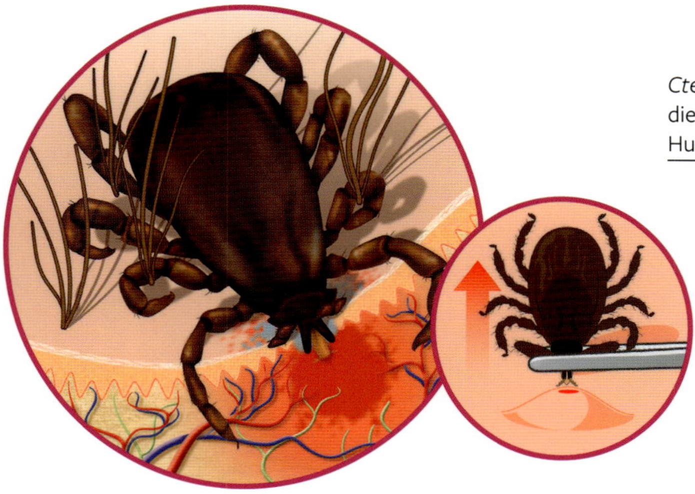

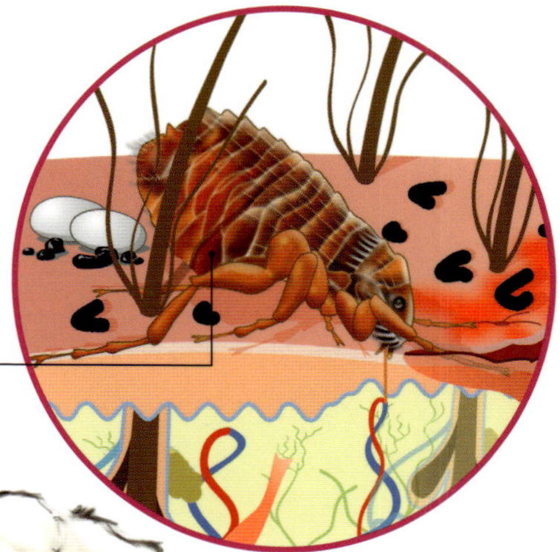

Beim Entfernen von Zecken mit einer Pinzette muss auch der Kopf entfernt werden, damit keine Teile des Saugapparates zurückbleiben und mögliche Krankheitserreger in die Blutbahn gelangen können.

Ein Flohbefall kann mit einem feinen Kamm oder durch die Suche nach Flohkot im Fell des Hundes erkannt werden.

Zeckenbefall

- meist verursacht durch Zecken der Gattung *Rhipicephalus*
- Hauptsächlich in Bereichen, die der Hund nur schwer erreichen kann: Augenlider, Rücken und unterer Rücken, Ohren etc.
- Können Infektionskrankheiten (Ehrlichiose, Lyme-Borreliose, Babesiose etc.) übertragen.
- Klinische Symptome: Rötung und leichter Juckreiz, Krusten und kleine Knötchen an den Ansatzstellen, Otitis externa bei Parasitenbefall bis hin zu Lähmungen

Konservative Therapie

- Anwendung von Anti-Zecken-Produkten am Hund und in der Umgebung.
- Gründliche Reinigung der Umgebung bei Flohbefall (ein Floh legt durchschnittlich 40 Eier/Tag in der Wirtsumgebung).
- Symptomatische Behandlung einer Überempfindlichkeit.

Flohbiss-Hypersensitivität

- Kommt häufig vor, wird durch eine allergische Reaktion auf Flohspeichel verursacht.
- Flöhe können infektiöse (Rickettsiose, Bartonellose, Hämoplasmose) und parasitäre (Dipylidiasis) Krankheiten übertragen.
- erhöhte Prädisposition bei atopischen Hunden
- **Klinische Symptome:** variabler Juckreiz, Alopezie, Erythem, Papeln, Krusten, Exkoriation, Hyperpigmentierung und Lichenifikation
- **Lokalisation der Läsionen:** kaudaler Bereich des Rückens, der Flanken, des Schwanzes und des Perineums

2.34 Arten von Räude

Auf den Menschen übertragbare Krankheit (Zoonose)

Sarcoptes-Räude

Die Milbe *Sarcoptes scabiei* gräbt Furchen in die Haut, in die das Weibchen Eier legt. Dies verursacht starken Juckreiz und allergische Reaktionen.

Klinische Symptome

- schwerer Juckreiz
- schuppige Papeln und Krusten
- Exkoriationen und Alopezie

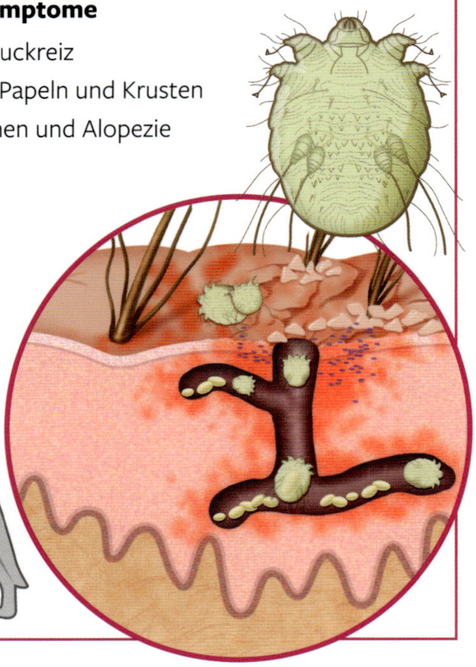

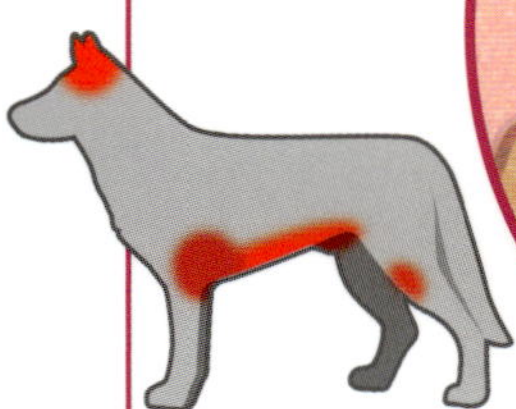

Demodikose

Verursacht durch die Milbe *Demodex canis* (innerhalb der Haarfollikel). Betrifft eher genetisch prädisponierte oder immungeschwächte Hunde. Kann lokalisiert oder generalisiert sein (Jugendlicher und Erwachsener).

Klinische Symptome

- Erythem, Alopezie, Komedonen
- Krusten und Furunkulose
- auf die Gliedmaßen beschränkt: Pododemodikose

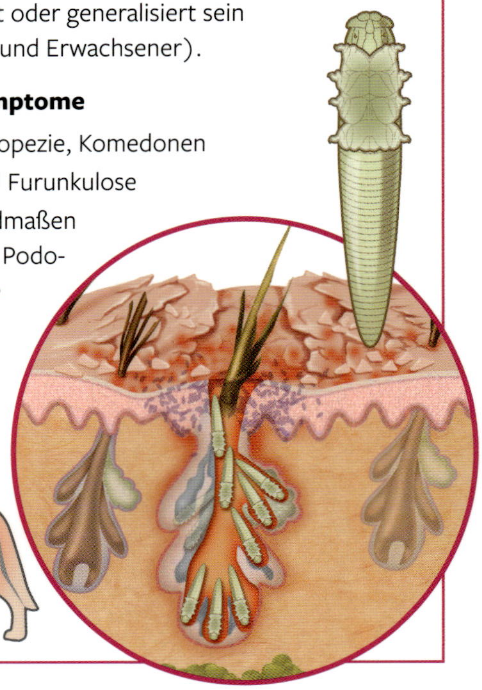

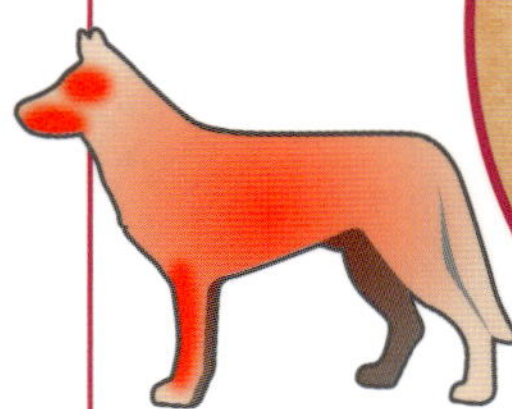

Ohrmilbenbefall*

Die Milbe *Otodectes cynotis* befällt den äußeren Gehörgang. Sie kommt häufiger bei Welpen vor.

Klinische Symptome

- Otitis (mit sekundärer bakterieller Infektion)
- dunkles Ohrenschmalz
- Juckreiz

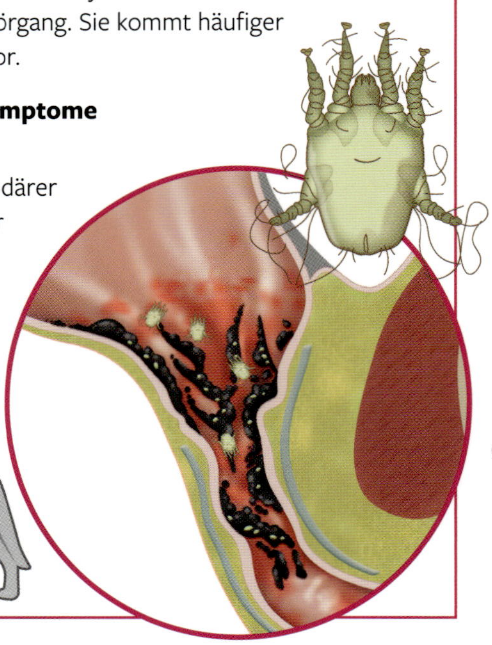

Cheyletiellose

Verursacht durch Milben der Gattung *Cheyletiella*. Diese sind auf die Haut beschränkt und graben sich nicht ein.

Klinische Symptome

- Juckreiz (Exkoriationen)
- Skalierung
- Alopezie

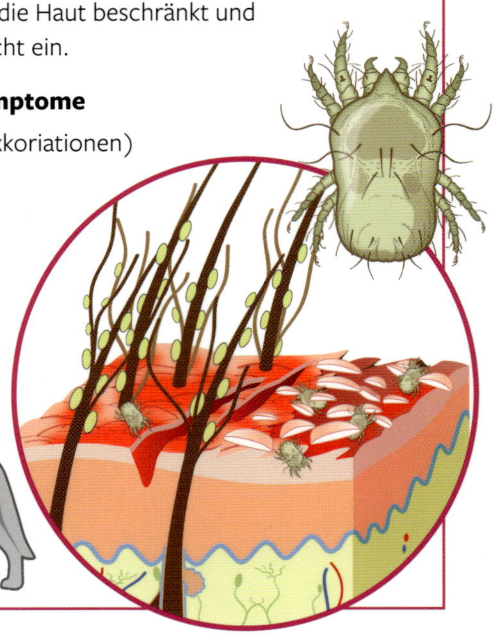

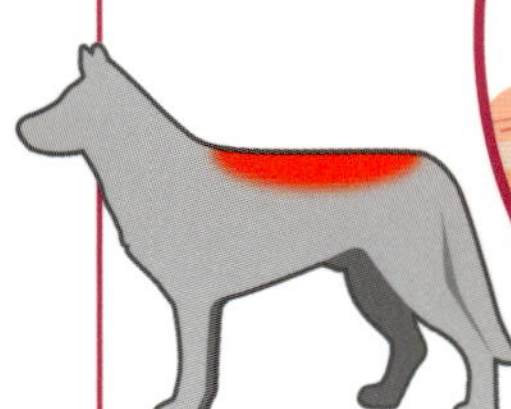

* Eine Infektion bei Menschen ist äußerst selten.

2.35 Pilz- und Hefeinfektionen

Dermatophytose

Verursacht durch Pilze der Gattungen *Microsporum, Trichophyton* und *Epidermophyton*. Die Ansteckung erfolgt durch Kontakt mit infizierten Tieren.

Prädisponierende Faktoren: jugendliches oder seniles Alter, Immunsuppression, hohe Temperatur und Feuchtigkeit sowie Hauttrauma

Auf den Menschen übertragbare Krankheit (Zoonose)

Klinische Symptome

- multifokale Alopezie und Schuppung im Gesicht, am Kopf und an den Füßen
- Follikulitis und Furunkulose
- Juckreiz
- Onychomykose
- Granulome
- Kerion (knotenförmige Läsion)

Malassezia pachydermatis-Dermatitis

Normalerweise sekundär zu einer Störung, die ein übermäßiges Wachstum von Hefen und Überempfindlichkeitsreaktionen verursacht. Eine Rasseprädisposition ist bei „Basset" Hounds und West Highland White Terrier beschrieben.

Prädisponierende Faktoren: Veränderungen der Immunität, Veränderungen des Mikroklimas der Haut und Veränderungen, die die Physiologie der Epidermis betreffen

Klinische Symptome

- Otitis externa: starker, zeruminöser, brauner, übelriechender Ausfluss
- Juckreiz, Erythem, Seborrhoe (muffiger Geruch)
- Schuppenbildung, Alopezie, Lichenifikation und Hyperpigmentierung

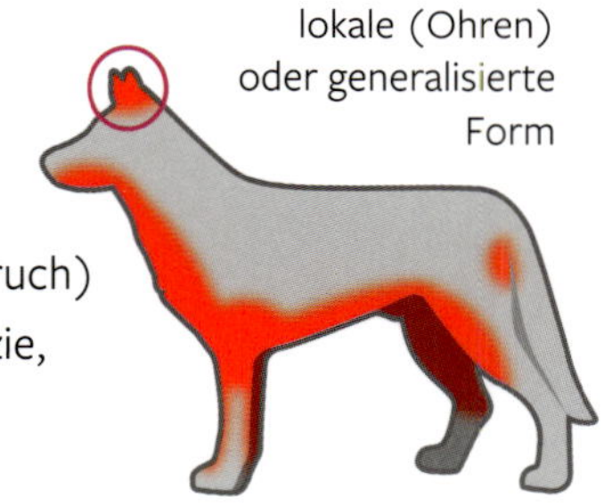

Konservative Therapie

- topische Therapie: Bäder und Lösungen
- systemische Therapie

Empfehlungen

- Bei Dermatophytose ist es ratsam, die Haare des Hundes zu kürzen und die Umgebung zu desinfizieren (Diagnose durch UV-Licht-Untersuchung und Kultur).
- Die Behandlung sollte nicht unterbrochen werden, bis mindestens zwei negative Kulturen im Abstand von 2 Wochen vorliegen.

2.36 Hypersensitivität

Allergien

Atopische Dermatitis

Allergische Reaktion gegen Umweltantigene, die in die Haut eindringen oder eingeatmet oder gar verschluckt werden (Pollen, Schimmelpilze, Milben etc.)

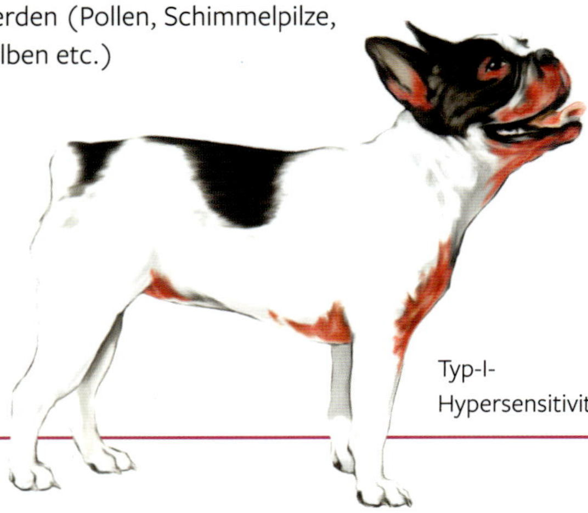

Typ-I-Hypersensitivität

Nahrungsmittelüberempfindlichkeit

Übertriebene Immunantwort nach Einnahme bestimmter Lebensmittelallergene

Typ-I-Hypersensitivität

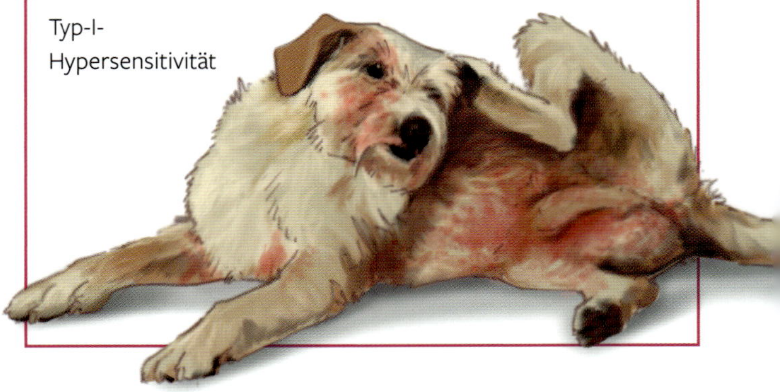

Kontaktdermatitis (allergisch)

Reaktion auf geringe Mengen an Allergenen aus synthetischen Materialien wie Kunststoffen (Futtermittel), Textilien (Bettdecken, Teppiche), Halsbändern, Hygieneprodukten, Pflanzen etc.

Typ-IV-Hypersensitivität

Urtikaria und Angioödem

Ödematöser Prozess, ausgelöst durch unerwünschte Reaktionen auf Nahrungsmittel, Medikamente, Insektenstiche oder Kontakt mit Raupen des Eichen- oder Pinien-Prozessionsspinners (Raupendermatitis). Akuter oder perakuter Beginn.

Typ-I-Hypersensitivität

Klinische Symptome

- Juckreiz, Rötung, Papeln etc.
- Otitis
- Selbsttrauma und Sekundärinfektion (Pyodermie und *Malassezia*)
- Alopezie, Hyperpigmentierung und Lichenifikation
- Magen-Darm-Probleme bei Nahrungsmittelüberempfindlichkeit (10–30 % der Fälle)

Die Flohallergie-Dermatitis ist eine spezielle Form der Überempfindlichkeit (Spätphasen-Sofortreaktion), bei der Flohspeichel das Antigen ist.

2.37 Impetigo und pyotraumatische Dermatitis

Impetigo (oberflächliche Pyodermie)

Bakterielle Infektion, die normalerweise bei Welpen im Alter von einigen Monaten auftritt. Betrifft unbehaarte Bereiche wie Leistengegend, Achselhöhlen und Bauch und ist durch das Vorhandensein von Pusteln gekennzeichnet.

! Kann auf Ernährungsursachen, Parasitosen (Immunsuppression) oder schlechte Haltungsbedingungen (mangelnde Hygiene in den betroffenen Bereichen) zurückzuführen sein.

Pusteln und epidermale Kolaretten (ringförmige Läsion, die nach dem Platzen einer Pustel zurückbleibt)

Pyotraumatische Dermatitis (Hot Spot)

Plötzlich auftretende entzündliche und exsudative Läsion der Haut. Selbstinduziert durch Kratzen, Lecken und Reibung als Reaktion auf Schmerzen oder Juckreiz des Hundes.

! Diese Läsion wird leicht mit einer Wunde verwechselt.

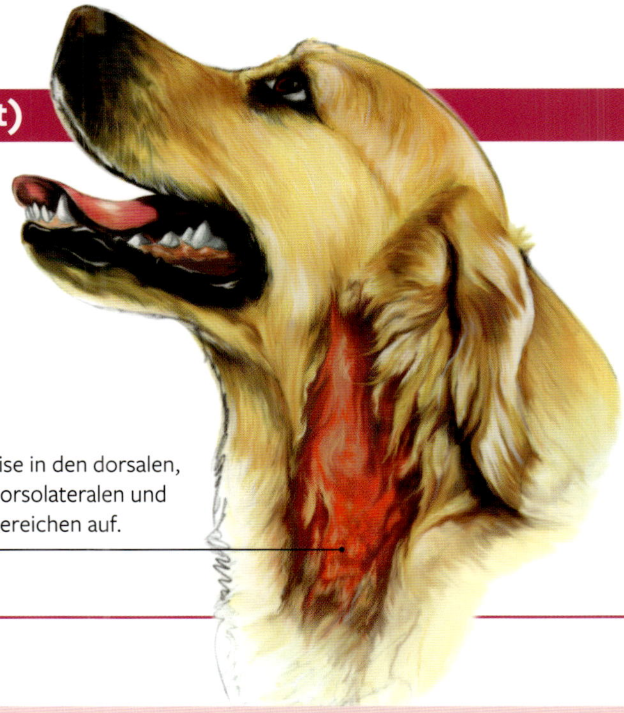

Tritt normalerweise in den dorsalen, lumbosakralen, dorsolateralen und periaurikulären Bereichen auf.

Konservative Therapie

Impetigo:

- Bäder mit Chlorhexidin-Shampoo (alle 1–2 Tage)
- topische Anwendung von Antiseptika (Povidon-Jod)

Pyotraumatische Dermatitis:

- topisch: Haare kürzen und antiseptische und entzündungshemmende Lösungen auftragen
- systemisch: Antibiotika und Entzündungshemmer

2.38 Otitis externa

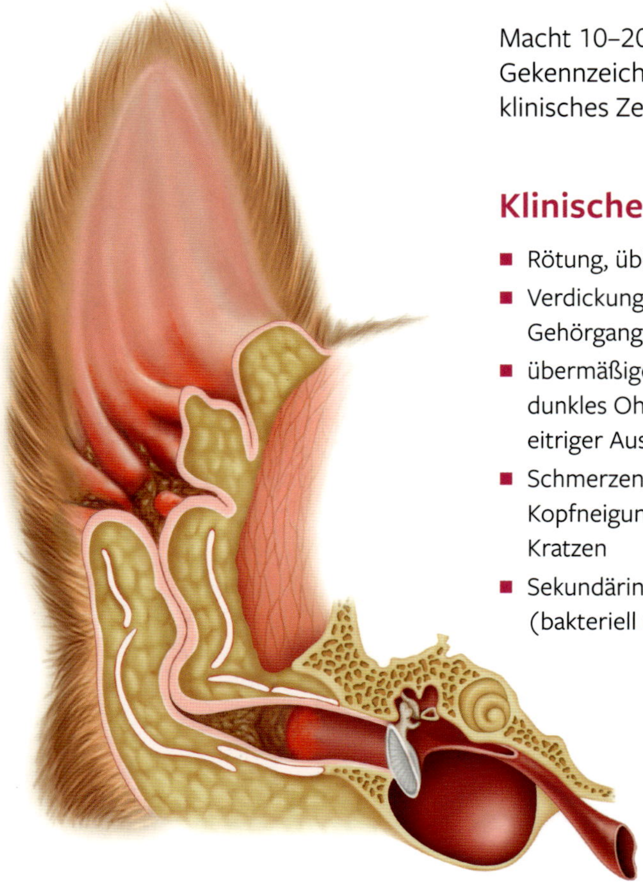

Macht 10–20 % der Hautkrankheiten bei Hunden aus. Gekennzeichnet durch eine Entzündung des Gehörgangs; oft ein klinisches Zeichen für eine andere Erkrankung (z. B. Allergien).

Klinische Symptome

- Rötung, übler Geruch
- Verdickung der Gehörgangswände
- übermäßiges Exsudat, dunkles Ohrenschmalz, eitriger Ausfluss
- Schmerzen oder Juckreiz, Kopfneigung, Schütteln und Kratzen
- Sekundärinfektionen (bakteriell und *Malassezia*)

Ursachen

Primärfaktoren:

- Hypersensitivität
- Ektoparasiten (*Otodectes*)
- Fremdkörper
- Autoimmunerkrankungen und Keratinisierung (Verhornung)
- Medikamentenreaktionen
- endokrine Erkrankungen

Prädisponierende Faktoren:

- Exterieur (Schlappohr-Rassen, Shar Pei)
- Verschlüsse des Gehörganges (Tumore, Polypen)
- Temperatur, Feuchtigkeit, besondere Gewohnheiten, z. B. schwimmen

Ohrreinigung

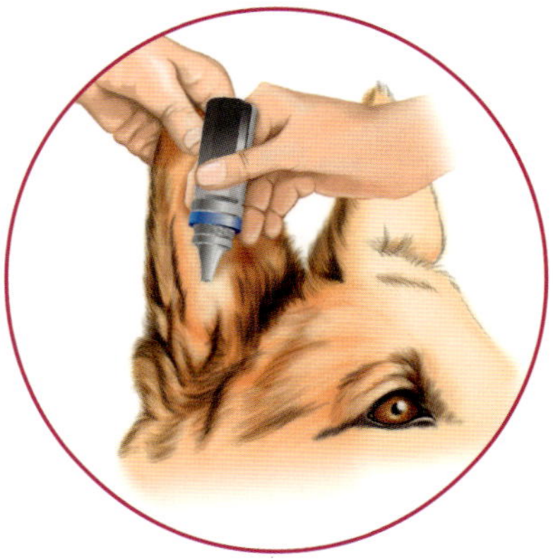

Ohr nach oben ziehen, um die Reinigungsflüssigkeit einzubringen.

Einige Minuten von außen einmassieren, damit das Produkt seine Wirkung entfalten kann.

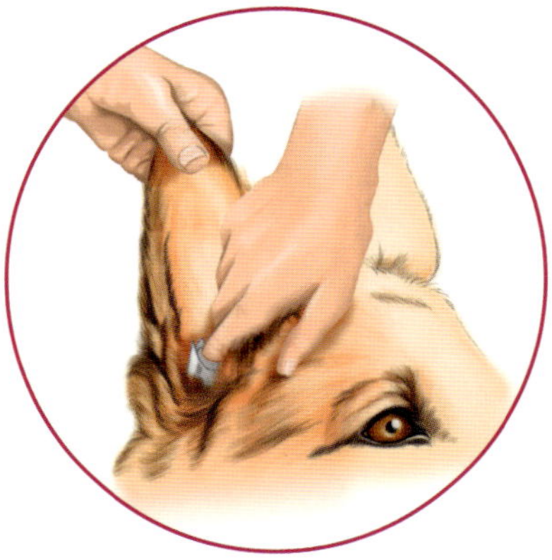

Restliche Lösung, Ablagerungen und Ohrenschmalz mit einem Stück Gaze entfernen.

Konservative Therapie

- Gehörgang mit geeigneten Produkten reinigen.
- Otische Medikamente zur Behandlung der Ursache: entzündungshemmend, antibakteriell, antiparasitär und antimykotisch.
- Die primäre Ursache behandeln.

2.39 Immunvermittelte und autoimmune Hauterkrankungen

Eine der Hauptfunktionen der Haut ist der Schutz vor äußeren Einflüssen. Dazu verfügt die Haut über ein eigenes Immunsystem. Manchmal kann dieses Abwehrsystem Krankheiten verursachen, weil es übermäßig reagiert, indem es eine Entzündung als Reaktion auf einen externen Wirkstoff (immunvermittelte Krankheiten) oder die eigenen Hautzellen (Autoimmunkrankheiten) auslöst.

Immunvermittelte Hauterkrankungen

- Entzündungsreaktionen (manchmal mit Geschwüren) können als Reaktion auf bestimmte Bakterien (z. B. Staphylokokken), Parasiten (z. B. Flöhe, Filarien) oder Medikamente (z. B. Antibiotika, Impfstoffe) auftreten.
- Es ist wichtig, die Ursache zu erkennen und zu beseitigen sowie die Hautläsionen zu behandeln.

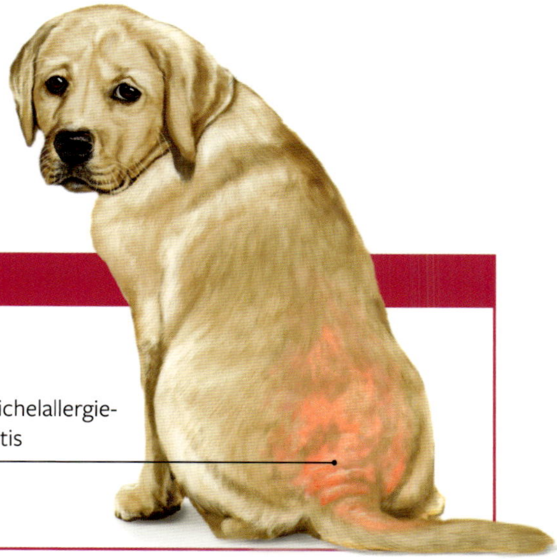

Autoimmunerkrankungen der Haut

- Diese werden durch eine schlechte Regulation der Hemmung der Immunantwort verursacht.
- Die körpereigenen Abwehrkräfte greifen bestimmte Proteine der Epidermis an und zerstören die schützende Oberfläche der Haut, der Schleimhäute und der mukokutanen Verbindungen.
- Ulzerative (verkrustete) Läsionen und Bläschen bilden sich und werden durch Infektionen kompliziert.
- Je nach Verteilung der Läsionen (Pemphigus vulgaris, Pemphigus foliaceus, Lupus erythematodes etc.) werden verschiedene Muster beschrieben.

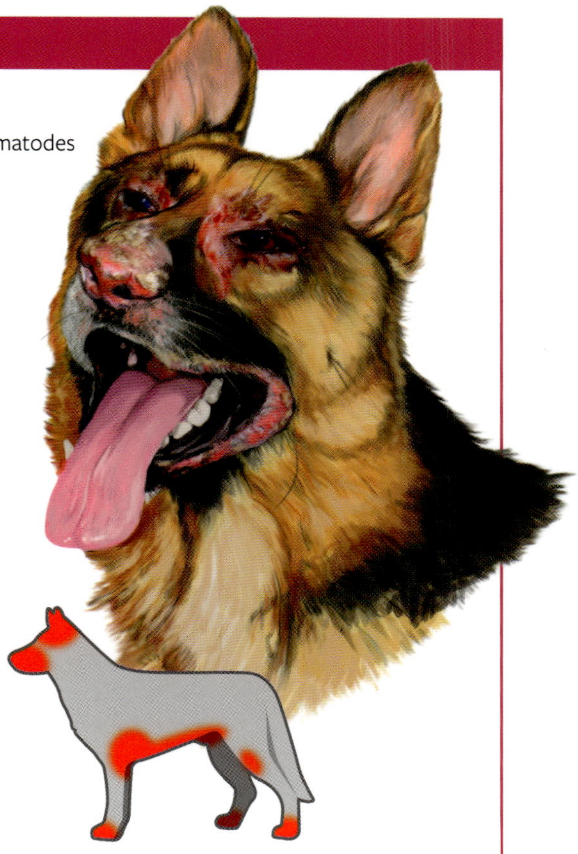

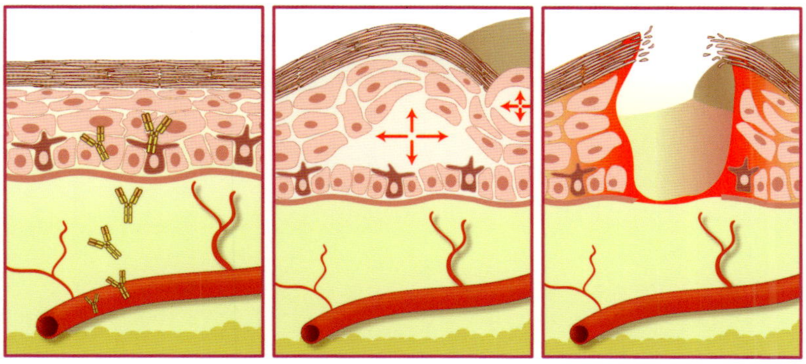

Antikörper greifen Hautzellen an | es bilden sich Bläschen und Blasen | das Platzen von Blasen führt zu Geschwüren

Therapie

immunsuppressive Medikamente

2.40 Das Gebiss des Hundes

Milchzähne und bleibende Zähne

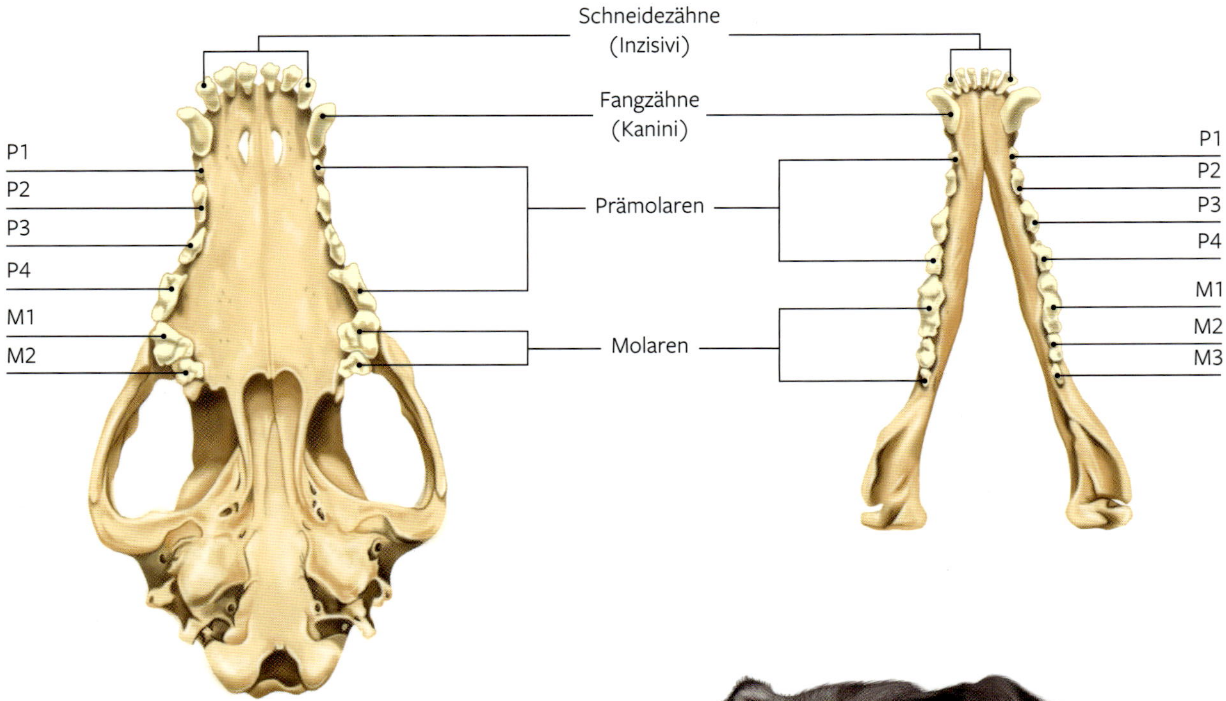

Durchbruch der Milchzähne beim Hund

- Beginn des Durchbruchs: 20–30 Tage
- Ende des Durchbruchs: 1,5–2 Monate
- Verlust der Milchzähne: 3–4,5 Monate

Durchbruch der bleibenden Zähne beim Hund*

- Schneidezähne: 3–4 Monate
- Fangzähne: 4–4,5 Monate
- 1. Prämolar: 3,5–5 Monate
- 2. und 3. Prämolar: 5 Monate
- 4. Prämolar: 4,5–6 Monate
- 1. Molar: 4,5–5,5 Monate
- 2. Molar: 5–7 Monat
- 3. Molar: 6–7,5 Monate

Zahnformel des Hundes

Milchzähne	bleibende Zähne
$2 \times \left(I \frac{3}{3}\ C \frac{1}{1}\ P \frac{3}{3} \right) = 28$	$2 \times \left(I \frac{3}{3}\ C \frac{1}{1}\ P \frac{4}{4}\ M \frac{2}{3} \right) = 42$

* Der Zahndurchbruch erfolgt bei Kleinst- und Zwergrassen später als bei mittelgroßen und großen Rassen.

2.41 Parodontitis (Entzündung des Zahnhalteapparates)

Die Ansammlung von Zahnbelag und Zahnstein wirkt sich auch auf das umliegende Gewebe aus, mit Auswirkungen, die von leichter Gingivitis bis hin zu Zahnverlust und sogar schweren Infektionen anderer Körperorgane reichen. Sehr häufig bei kleinen und Zwergrassen ab 2 Jahren.

Oronasale Fisteln und Unterkieferfrakturen können in sehr fortgeschrittenen Stadien auftreten.

Stadien der Parodontitis

Stadium 1: Zahnfleischentzündung (Gingivitis)

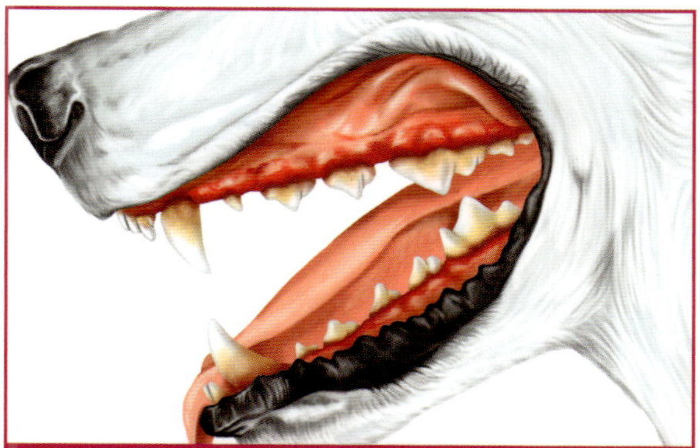

Stadium 2: geringgradige Parodontitis und < 25 % parodontaler Attachmentverlust

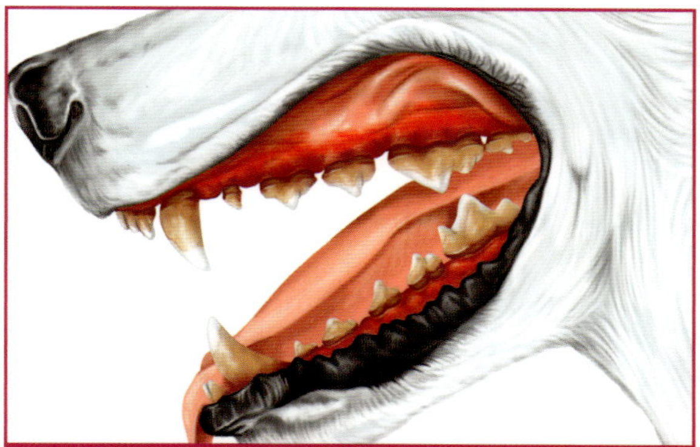

Stadium 3: mäßige Parodontitis und 25–50 % Attachmentverlust

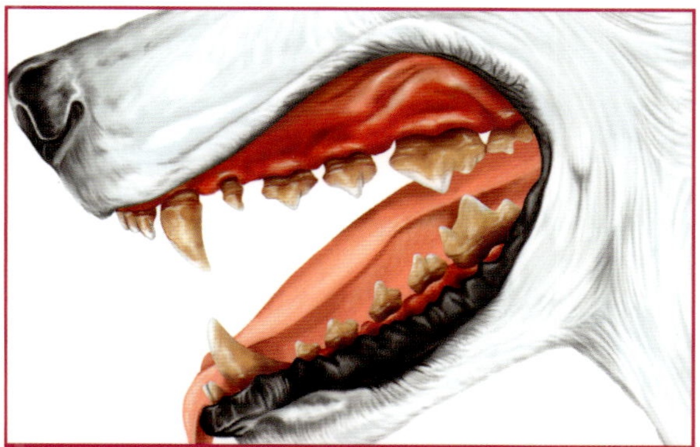

Stadium 4: schwere Parodontitis und > 50 % Attachmentverlust

Klinische Symptome

- schlechter Atem
- Zahnfleischentzündung, Zahnfleischbluten
- Schmerzen, Probleme beim Beißen und bei der Nahrungsaufnahme
- Apathie, Verhaltensänderungen
- Zähne werden locker und fallen aus

Unbehandelt können sich parodontale Abszesse bilden, die die Infektion über das Blut auf Herz, Leber und Nieren übertragen.

Konservative Therapie

Zahnreinigung und systemische Behandlung (Antibiotika)

Chirurgische Therapie

Die Extraktion betroffener Zähne kann erforderlich sein.

Empfehlungen

Vorbeugung:

- richtige Ernährung
- regelmäßiges Zähneputzen zu Hause
- regelmäßige Zahnreinigung beim Tierarzt

2.42 Erkrankungen der Speicheldrüsen

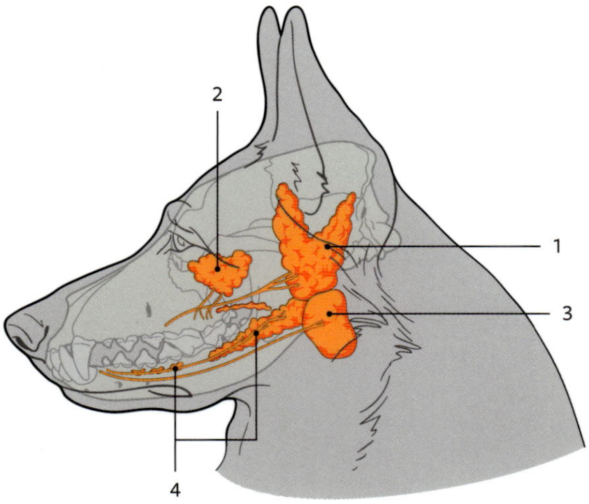

Hunde haben 8 Hauptspeicheldrüsen:

1. Glandulae parotideae (2)
2. Glandulae zygomaticae (2)
3. Glandulae mandibulares (2)
4. Glandulae sublinguales (2)

Speichelsteine (Sialolithen)

- Dies sind Steine, die aus organischem Material und Mineralsalzen in den Speichelgängen gebildet werden.
- Die Folgen sind eine Entzündung der Drüse, eine Infektion durch einen verminderten Speichelabfluss (Sialadenitis) oder eine Flüssigkeitsansammlung und ein Platzen der Drüse (Sialozele).
- Eine Sialadenitis wird mit Antibiotika und entzündungshemmenden Mitteln behandelt, die chirurgische Entfernung des Steins ist jedoch der Schlüssel zur Heilung der Krankheit.

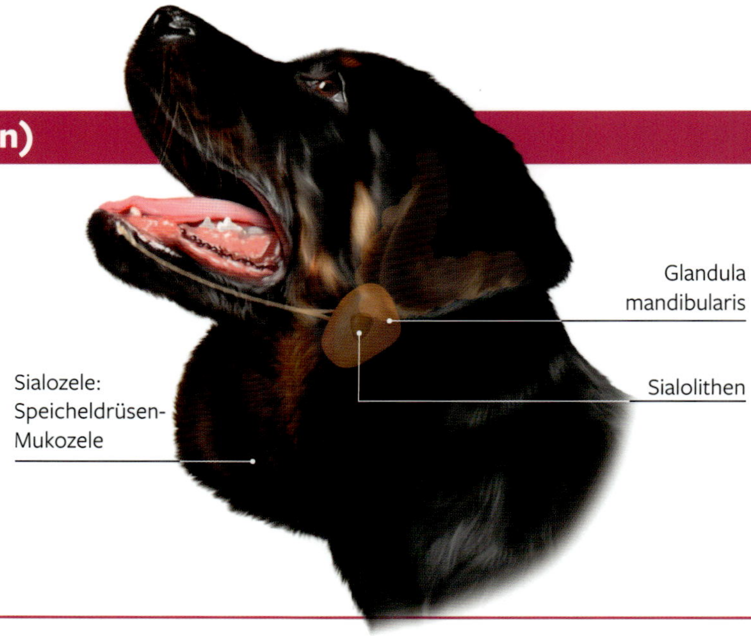

Sialozelen (Mukozele und Ranula)

- Extravasation von Speichel in den subkutanen (Mukozele) oder submukösen (Ranula) Raum.
- Am stärksten betroffen sind die Glandula mandibularis und die Glandula sublingualis.
- Die Palpation ergibt eine fluktuierende Masse, entweder im Rachenbereich (Mukozele) oder am Zungengrund im Mund (Ranula).
- Bei der Entfernung besteht die Flüssigkeit aus dichtem Speichel, der normalerweise mit Blut vermischt ist (selten infiziert).
- Konservative Therapie und Drainage sind in der Regel unwirksam; Behandlung der Wahl ist die Entfernung der betroffenen Speicheldrüsen.

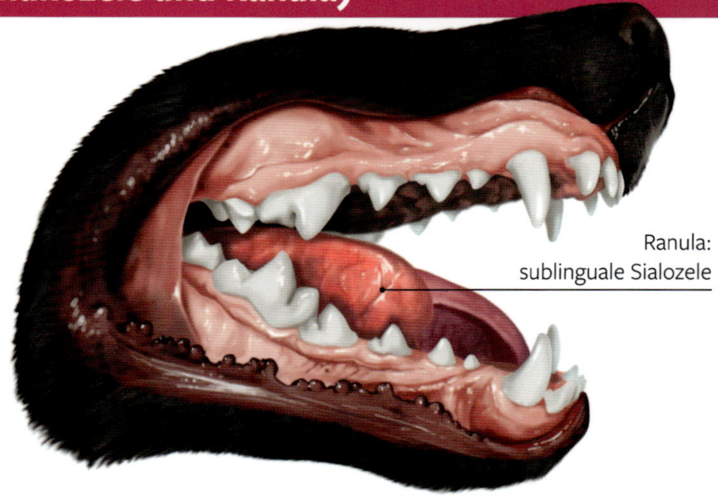

2.43 Die wichtigsten Erkrankungen der Speiseröhre (Ösophagus)

Die Speiseröhre verbindet den Mund-Rachen-Raum mit dem Magen. Die nachfolgend beschriebenen Erkrankungen machen 90 % der Erkrankungen der Speiseröhre aus.

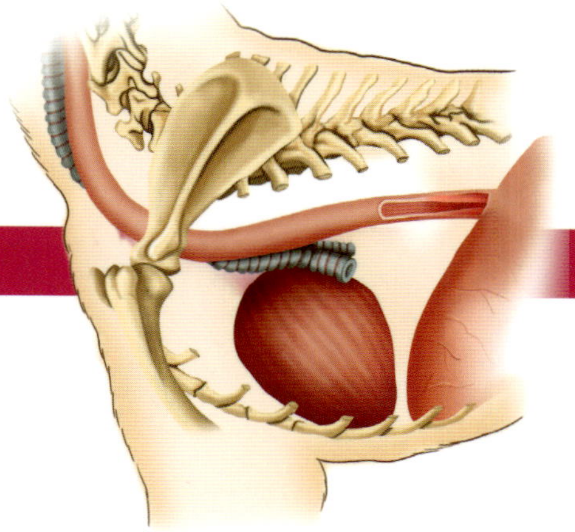

Ösophagitis

- akute oder chronische Entzündung des Ösophagus, je nach Schweregrad
- **Ursachen:** ätzende Substanzen, Fremdkörper, anhaltendes Erbrechen, Infektionen, gastroösophagealer Reflux etc.
- **Klinische Symptome:** Schwierigkeiten und Schmerzen beim Schlucken, vermehrter Speichelfluss, Anorexie, Erbrechen

Ösophagusstriktur

- Verengung der Speiseröhre aufgrund einer fibrotischen Entzündungsreaktion
- Jede schwere Schädigung der Speiseröhre kann zu einer Striktur führen.
- Regurgitation (Ösophagusinhalt kehrt unverdaut in den Mund zurück) ist das wichtigste klinische Symptom.

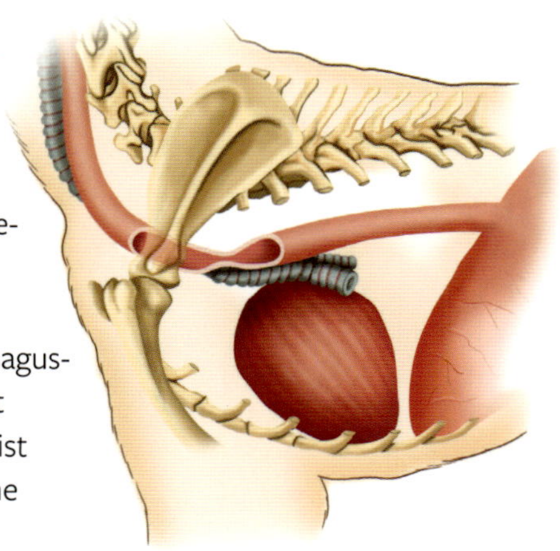

Fremdkörper

- Verschlucken von Knochen, Gummi- oder Stoffspielzeug, Haken, Nadeln, Kunststoffen etc.
- Der Schweregrad hängt von der Größe und Form des Objekts und der Dauer ab, für die es an Ort und Stelle bleibt.

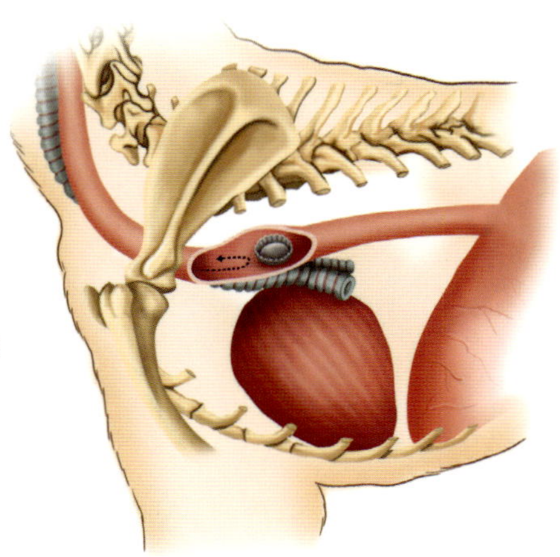

Megaösophagus

- Generalisierte Dilatation der Speiseröhre mit Abnahme oder vollständigem Verlust der Peristaltik.
- Klassifiziert als kongenital idiopathisch (Welpen) und erworben oder sekundär idiopathisch (adulte Tiere).
- Wichtigstes klinisches Zeichen: Aufstoßen von fester und flüssiger Nahrung durch den Mund oder sogar die Nase

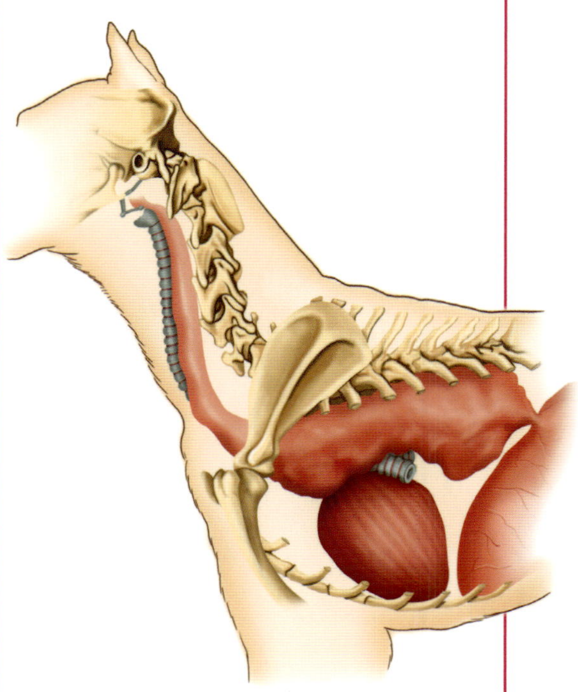

2.44 Magendilatation-Volvulus-Syndrom (MDV, Magendrehung)

Eine Magendrehung tritt auf, wenn sich der Magen ausdehnt und um seine Längsachse dreht. Sie verläuft hyperakut und stellt einen tiermedizinischen Notfall dar; für den Hund besteht Lebensgefahr.

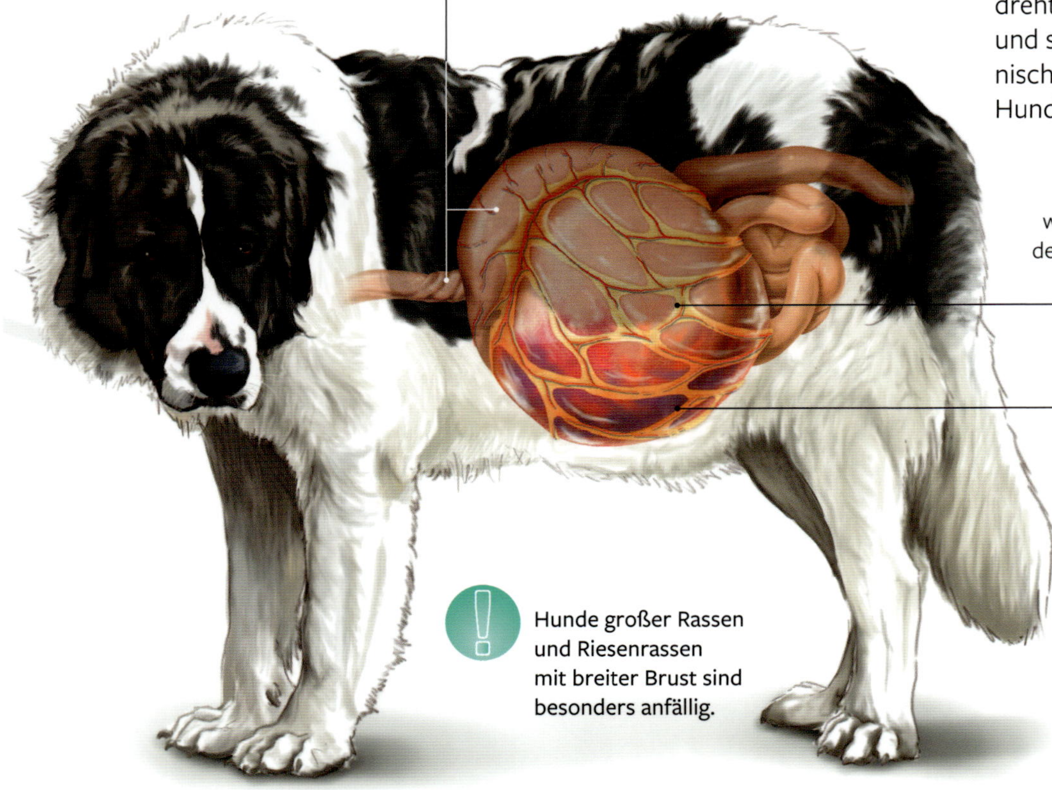

Hunde großer Rassen und Riesenrassen mit breiter Brust sind besonders anfällig.

Auslösende Faktoren

- übermäßige Nahrungsaufnahme
- intensives Training vor oder nach der Nahrungsaufnahme
- Aufnahme großer Wassermengen nach der Nahrungsaufnahme
- Stress

Klinische Symptome

- Unruhe, Aufregung
- Speicheln, Übelkeit ohne Erbrechen
- aufgetriebener Bauch (hohler Trommel-Klang)
- Bauchschmerzen
- Anzeichen von Schock (Blässe, schwacher Puls etc.)

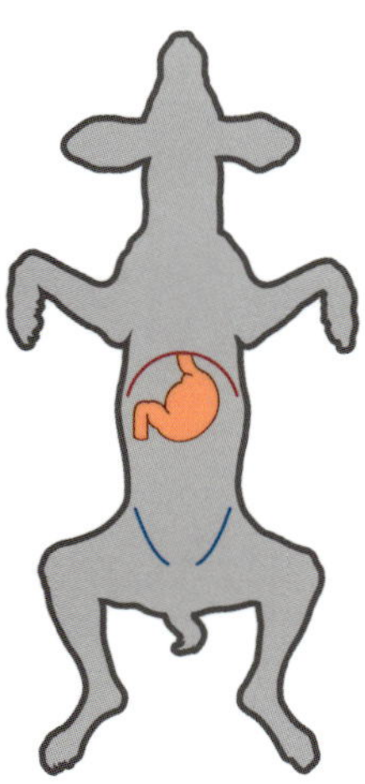

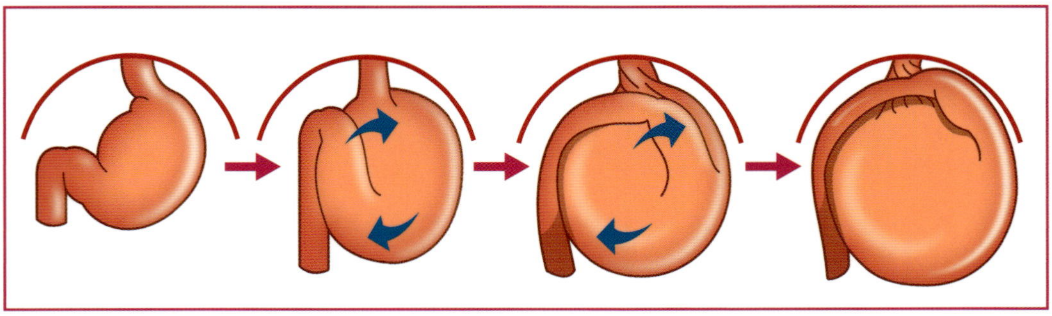

Konservative Behandlung

Einführung einer oralen Sonde zur Entleerung des Mageninhalts und anschließende Magenspülung

Chirurgische Therapie

Operation zur Zurückverlagerung von Magen und Milz, oder Entfernung von Milz und Magen, wenn eine Nekrose aufgetreten ist.

2.45 Gastrointestinale Fremdkörper

Hunde können verschiedenartige Gegenstände aufnehmen, die sich aufgrund ihrer Größe und Form im Magen und Darm festsetzen können, gastrointestinale Symptome verursachen und sogar zu einem vollständigen Verschluss und einer Perforation des Magen-Darm-Trakts führen können. Jungtiere sind häufiger betroffen.

Klinische Symptome

- Übelkeit und Erbrechen
- Anorexie
- Lethargie
- „flüssiger" Ileus (verminderte Peristaltik mit Flüssigkeitsansammlung vor dem Fremdkörper)
- Bauchschmerzen
- Schockanzeichen (aufgrund eines kompletten Verschlusses oder einer Perforation)

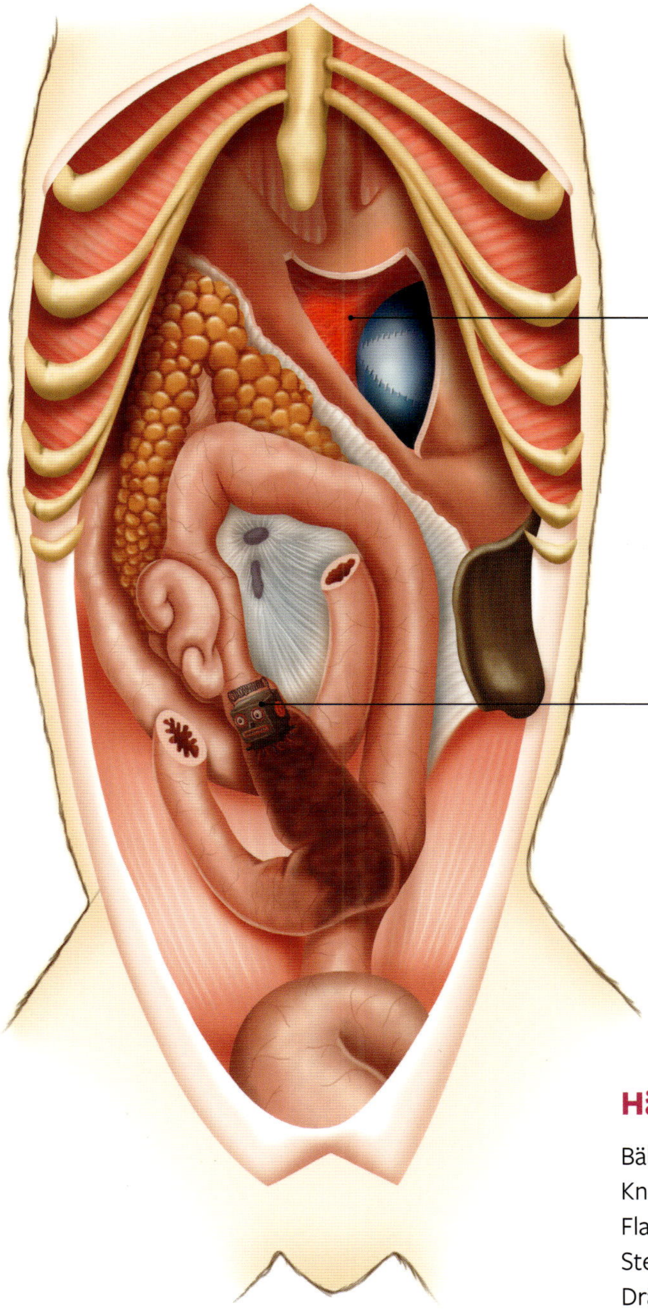

Röntgenaufnahmen, mit oder ohne Kontrastmittel, in einigen Fällen mit Ultraschallkontrolle, sind erforderlich, um das Vorhandensein eines Fremdkörpers zu erkennen.

Häufige Objekte

Bälle, Gummispielzeug, Knochen, Lumpen, Socken, Flaschenverschlüsse, Seile, Steine, Obstkerne, Kabel, Drähte, Nadeln, Haken etc.

Konservative Therapie

unterstützende Behandlung bis zur Austreibung des Fremdkörpers

Chirurgische Therapie

Entfernung des Objekts durch Endoskopie oder Operation

2.46 Die häufigsten Darmparasiten

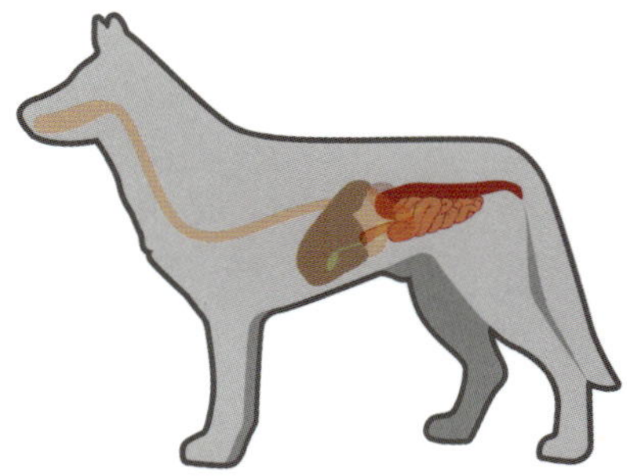

Auf den Menschen übertragbare Erkrankung (Zoonose)

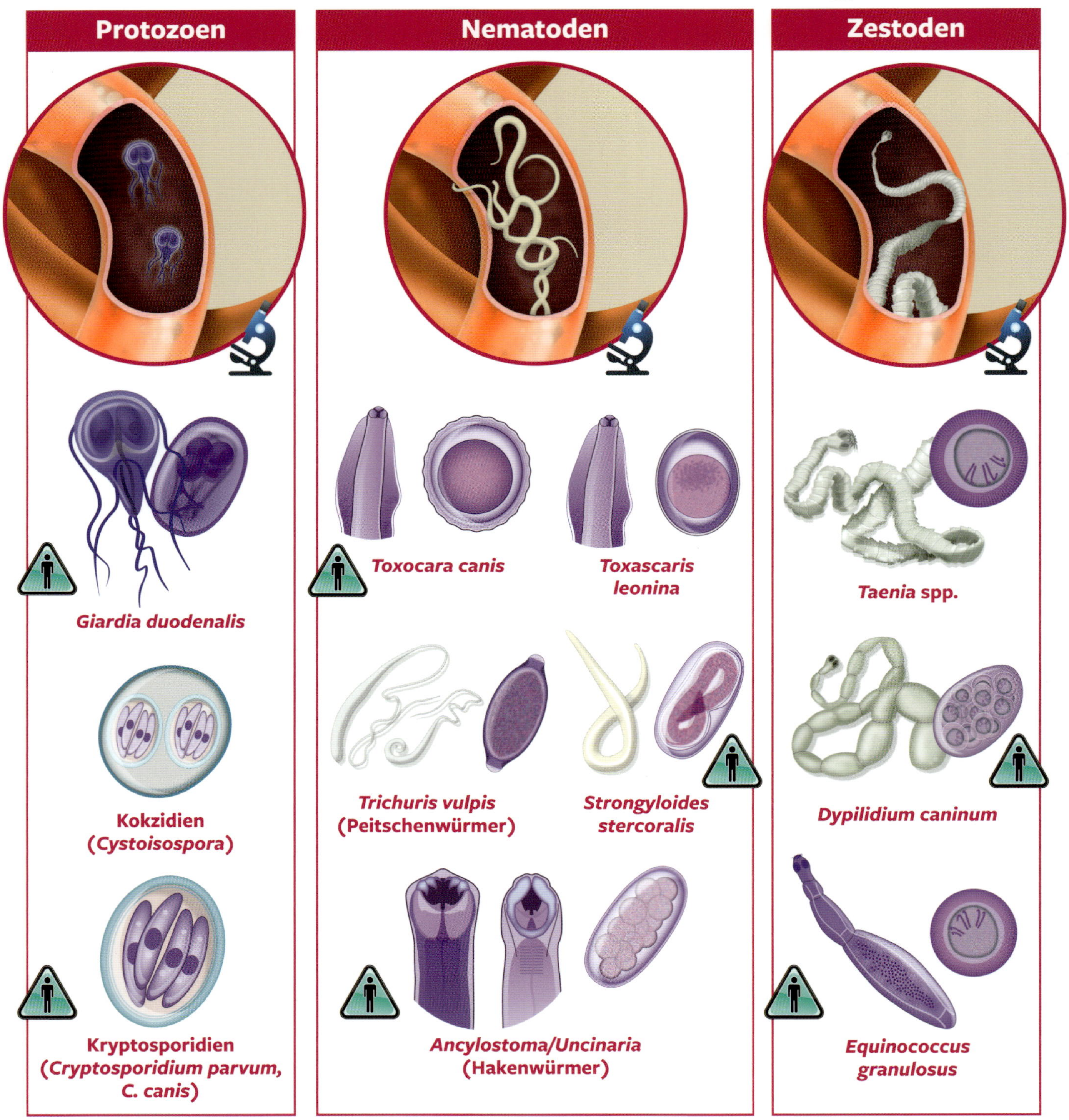

2.47 Pankreatitis und exokrine Pankreasinsuffizienz

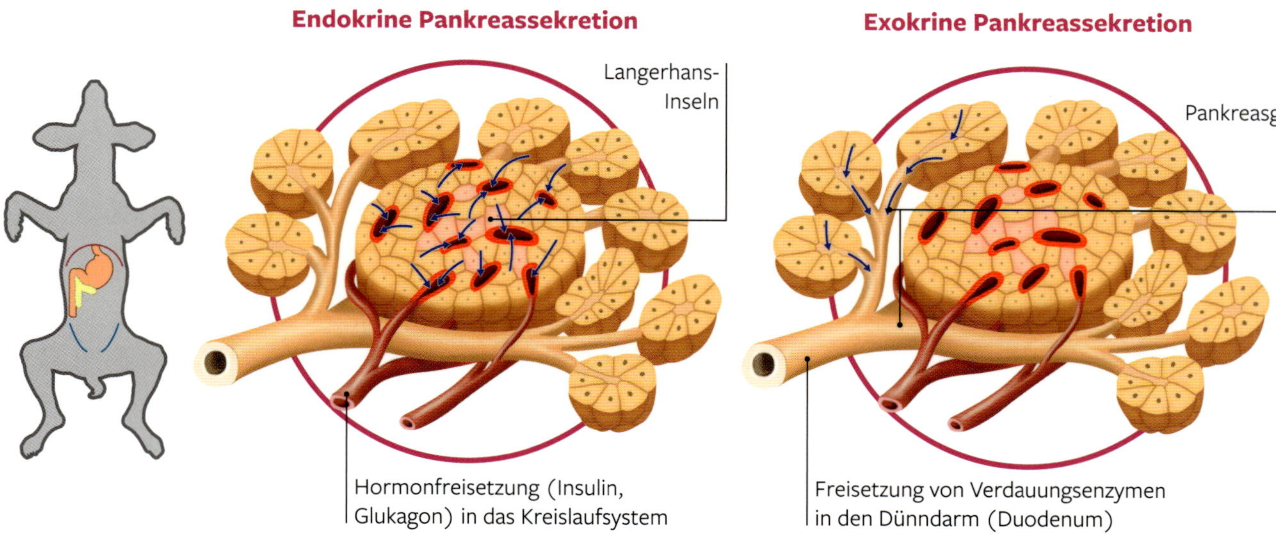

Pankreatitis

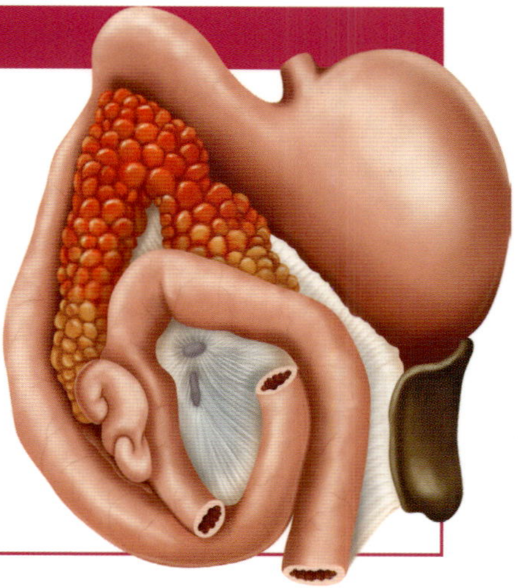

- akute (reversible) oder chronische (irreversible Veränderungen) Entzündung der Bauchspeicheldrüse
- Betrifft Hunde mittleren oder fortgeschrittenen Alters. Schnauzer, Yorkshire Terrier und Pudel sind besonders prädisponiert.
- mögliche Auslöser: Ernährung (Übergewicht und fettreiches Futter), bestimmte Medikamente, Infektionskrankheiten, Endokrinopathien

Klinische Symptome

- Anorexie
- Erbrechen
- Bauchschmerzen
- Dehydratation und Schwäche
- Durchfall

Exokrine Pankreasinsuffizienz

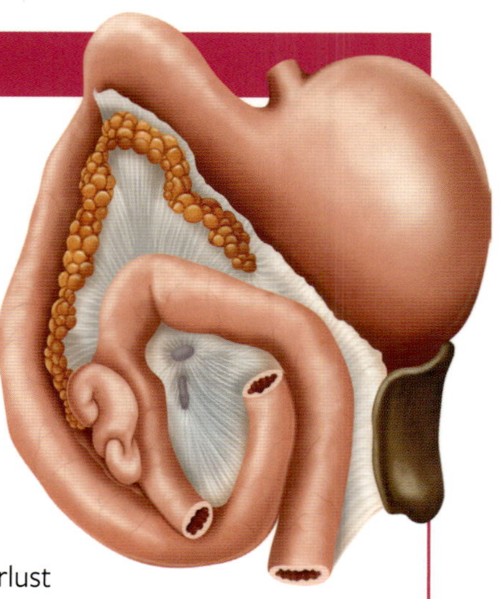

- Zerstörung der Bauchspeicheldrüse mit der Folge eines Maldigestionssyndroms aufgrund des Enzymmangels
- Betrifft junge Hunde (1–4 Jahre), speziell Deutsche Schäferhunde, Collie und Chow Chow.
- Die häufigste Ursache ist eine azinäre Atrophie des Pankreas ohne Einbezug des endokrinen Pankreas (möglicherweise autoimmunen Ursprungs).
- Behandlung: Verabreichung von Pankreasenzymen mit jeder Mahlzeit

Klinische Symptome

- reichlicher, gelbbrauner Durchfall mit fetthaltiger und unverdauter Nahrung
- Darmgeräusche und Blähungen
- schlechter Fellzustand
- erhöhter Appetit mit Gewichtsverlust
- Nervosität und Aggressivität

2.48 Hepatitis

Dies ist eine Entzündung der Leber, die einem akuten oder chronischen Verlauf folgen kann. Sie gilt als chronisch, wenn sie länger als 4–6 Monate anhält. Gekennzeichnet durch Fibrose (Zirrhose) und Verlust der Regenerationsfähigkeit der Leber.

Ursachen

- Infektion: infektiöses canines Hepatitis-Adenovirus, canines Herpesvirus, Leptospirose
- Toxine
- hepatische Hypoxie
- Medikamente
- immunvermittelte Reaktionen
- metabolische Erkrankungen
- Kupfer-ansammlung

! **Bedlington Terrier sind genetisch prädisponiert für eine Kupferansammlung in den Leberzellen, was zu chronischer Hepatitis führt.**

! **Blutanalysen zeigen einen Anstieg der Leberenzyme.**

Akute Hepatitis

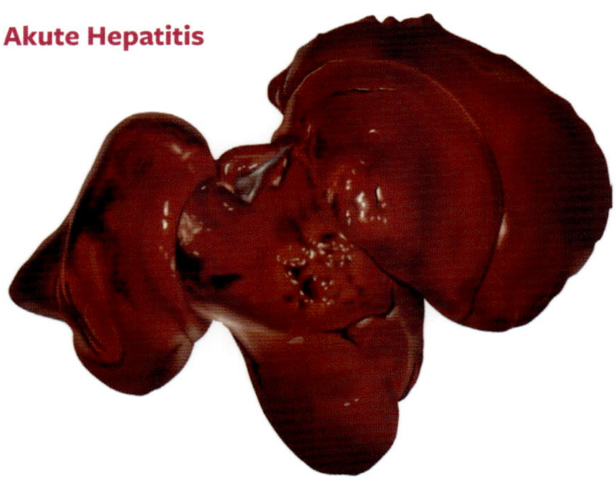

- Lebervergrößerung
- deutlicher Anstieg der Leberenzyme
- geringgradige Krankheitssymptome

Chronische Hepatitis (Zirrhose)

- Verminderung der Lebergröße
- moderater Anstieg der Lebergröße
- schwere Krankheitssymptome

Konservative Therapie

Behandlung der Ursache, Linderung der Symptome und Leberschutz

Klinische Symptome

- unspezifisch: Unwohlsein, Lethargie, Anorexie, Erbrechen, Dehydrierung, Gelbsucht, Fieber, Durchfall
- in schweren Fällen: hepatische Enzephalopathie, disseminierte intravasale Koagulopathie (DIC), Hypoglykämie, Koma und Tod

2.49 Portosystemische Shunts

Portosystemische Shunts sind Gefäßanomalien, die den Durchgang von Blut aus der Pfortader in den systemischen Kreislauf unter Umgehung der Leber ermöglichen. Dabei gelangen giftige Substanzen, die nicht in der Leber metabolisiert wurden, ins Blut.

Shunts können intrahepatisch (große Rassen) oder extrahepatisch (kleine Rassen) sein und werden als angeboren oder erworben, einzeln oder mehrfach klassifiziert.

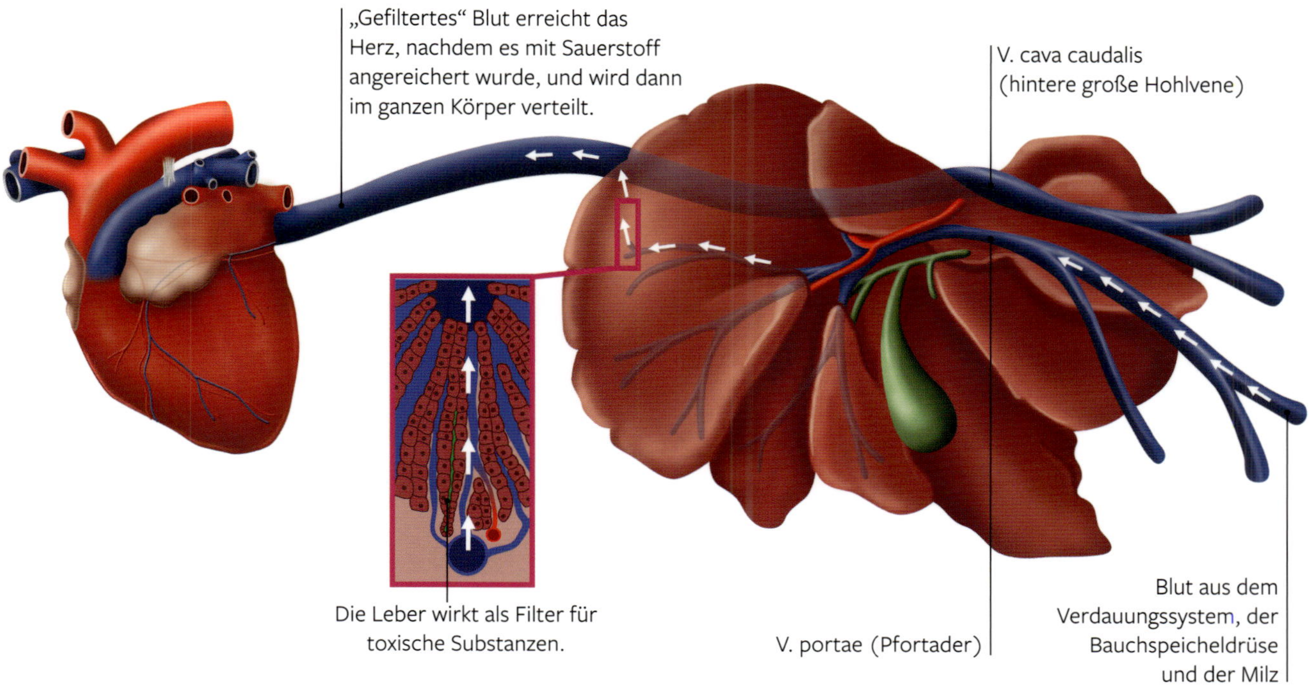

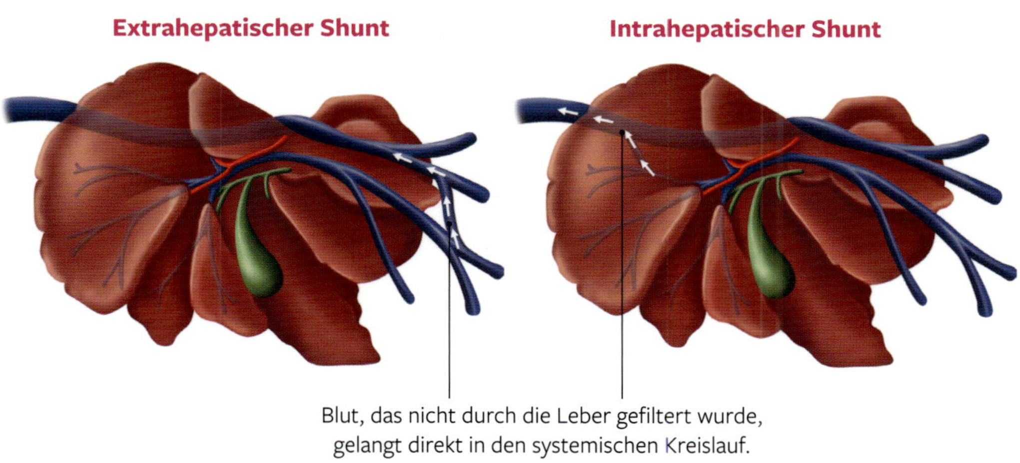

Klinische Symptome

Allgemein:

- schlechter körperlicher Zustand, kleine Statur (angeborener Shunt), Gewichtsverlust (erworbener Shunt)
- Anorexie
- Depression, Lethargie

Weitere:

- neurologisch: Desorientierung, Hyperaktivität, Konvulsionen etc.
- Verdauung: Erbrechen, Durchfall
- Urin: Hämaturie, Tenesmus, Polyurie und Polydipsie, Ammoniumuratkristalle

Konservative Therapie/ Ernährung

Linderung der Auswirkungen der Ansammlung von Toxinen in den verschiedenen Systemen

Chirurgische Therapie

teilweiser oder vollständiger Verschluss des anomalen Gefäßes mittels Seidenfadenligatur, Ameroidkonstriktor, Zellophan etc.

2.50 Perianale Erkrankungen

Anale Sakkulitis: Impaktierung/ Infektion der Analsäcke

- Analsäcke sind Hautinvaginationen, die sich auf beiden Seiten des Anus befinden.
- Der Inhalt wird bei der Kompression während der Defäkation freigesetzt und hat einen charakteristischen unangenehmen Geruch, der eine soziale Rolle bei der Erkennung und territorialen Markierung spielen kann.
- Wenn sich der Inhalt der Analsäcke nicht entleert, führt das zu einer Ansammlung und anschließenden Infektion (Abszess).
- Wird dieses Problem nicht durch manuelle Entleerung gelöst, kann es chronisch werden und zu einer Fistel führen.

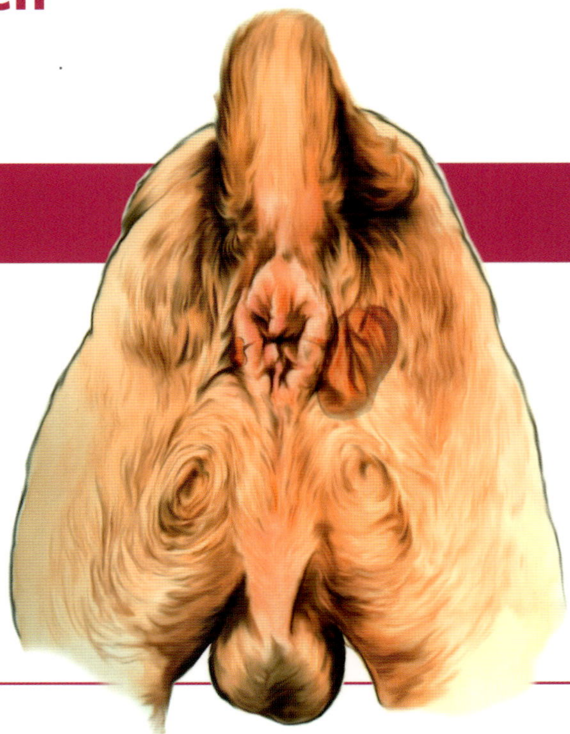

Perianale Fisteln

- Progressiver chronischer Zustand, der durch Ulzerationen, Fisteln und Entzündungen des umliegenden Gewebes gekennzeichnet ist.
- Kann mit einer analen Sakkulitis oder mit immunvermittelten Erkrankungen (z. B. Reaktion auf Nahrungsbestandteile) assoziiert sein.

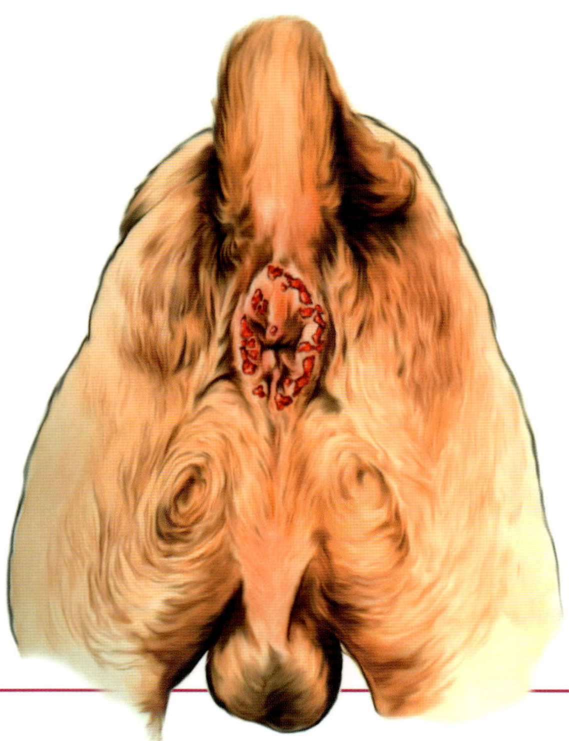

Perianale Tumore

Spezielle Bereiche:

- hepatoides oder Perianaldrüsenadenom
- hepatoides Adenokarzinom
- Adenokarzinom der Analsäcke

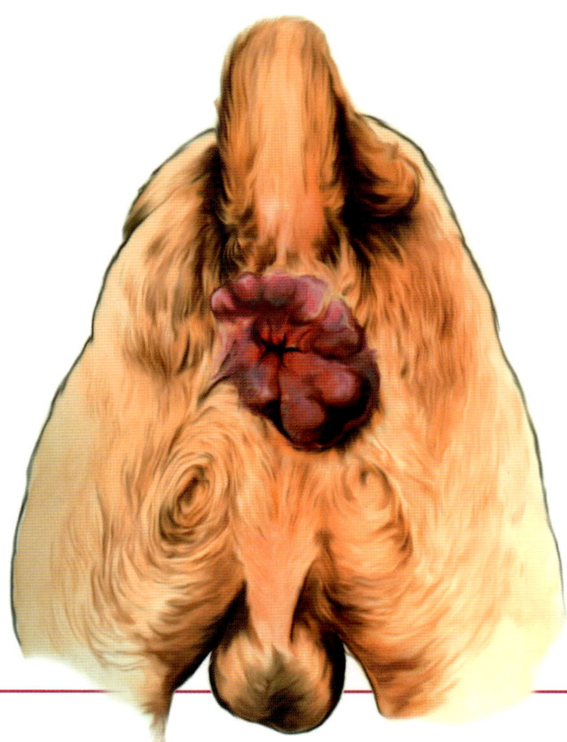

2.51 Hernien

Dies sind Teile von Geweben oder inneren Organen, die durch einen Bereich mit geschwächter Muskulatur vorfallen. Will man diesen Zustand verändern, ist immer eine Operation erforderlich. Eine Durchblutungsstörung von Gefäßen innerhalb des vorgefallenen Gewebes verursacht Schmerzen und Nekrose (strangulierte Hernie). Dies gilt als chirurgischer Notfall.

Nabelhernie

- kongenitaler Defekt des Verschlusses der Nabelpforte
- Der Inhalt besteht normalerweise aus abdominellem Fettgewebe.
- Führt meist nicht zu Komplikationen, aber es ist besser, einen chirurgischen Verschluss vorzunehmen, um eine Verschlechterung zu vermeiden.

Perinealhernie

- Vorfall durch den Beckenboden (Begrenzungen: M. levator ani, Mm. obturorii, Rektumwand)
- häufigster Inhalt: Fettgewebe der Beckenhöhle, seröse Zysten, Rektumwand, Harnblase und Prostata (25 % der Hunde)
- Bei der Palpation bemerkt man eine weiche Masse neben dem Anus, die Schmerzen, Schwellung und Kotabsatzprobleme verursacht.
- Ein chirurgischer Eingriff ist erforderlich, in manchen Fällen wird ein chirurgisches Netzgewebe eingesetzt.

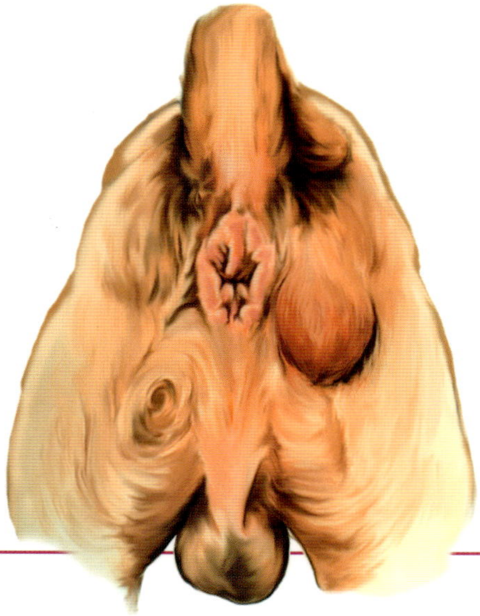

Leistenhernie

- Vorfall durch den Inguinalkanal (Begrenzungen: M. obliquus internus, M. transversus abdominis, M. rectus abdominis, A. pudenda externa, V. pudenda externa, Processus vaginalis)
- häufigster Inhalt: abdominelles Fettgewebe, Harnblase, Gebärmutter
- Vor dem chirurgischen Eingriff sollte die Diagnose per Ultraschall bestätigt werden.

2.52 Ernährung und damit zusammenhängende Verdauungskrankheiten

Hunde sind **keine reinen Fleischfresser**, sie sind in der Lage, Energie und metabolische Ressourcen aus tierischen und pflanzlichen Nährstoffen zu gewinnen. Darüber hinaus können sie eine geringe Menge Stärke (Kohlenhydrate) verdauen.

Standardernährung

- Die Standarddiät eines gesunden erwachsenen Hundes sollte sich aus folgenden Nährstoffgruppen zusammensetzen:
  1. **Proteine und Aminosäuren:** 20–30 % der Metabolisierbaren Energie (ME)
  2. **Fette und essenzielle Fettsäuren:** 25–35 % der ME
  3. **Rohfaser und Kohlenhydrate:** 15–30 % der ME
  4. **Vitamine und Mineralstoffe:** Vitamin D, E und K, Zink, Phosphat, Kalzium und Magnesium
- Die meisten Hundehalter geben kommerzielle Futtermittel, die von Fachleuten entwickelt wurden. Wenn man sich für selbst zubereitete oder rohe Futtermittel entscheidet, muss darauf geachtet werden, die Nährstoffe zu bilanzieren und Infektionen durch Bakterien und Protozoen zu vermeiden.

Futtermittelunverträglichkeit

- Dies ist der Fall, wenn ein Hund eine Mahlzeit zu sich nimmt (manchmal beim ersten Mal) und darauf mit akutem Erbrechen und/oder Durchfall reagiert.
- Die Ursachen können metabolisch (überschüssiges Histamin oder Laktose in Lebensmitteln) oder mikrobiell (Vorhandensein von Toxinen oder Bakterien) sein.

Futtermittelallergie

- Immunerkrankung, die durch Sensibilisierung gegen ein Protein in der Nahrung verursacht wird.
- Die klinischen Symptome entwickeln sich progressiv, wenn der Hund das Futter wiederholt aufnimmt. Anfangs sind diese Anzeichen ausschließlich verdauungsfördernd, aber nach und nach ist auch die Haut mit generalisiertem Juckreiz und Hautläsionen unterschiedlicher Schwere betroffen.
- Das auslösende Protein sollte aus der Nahrung eliminiert werden; oder es sind kommerzielle Futtermittel zu verabreichen, die hydrolysierte Proteine enthalten.

2.53 Strukturen des Auges

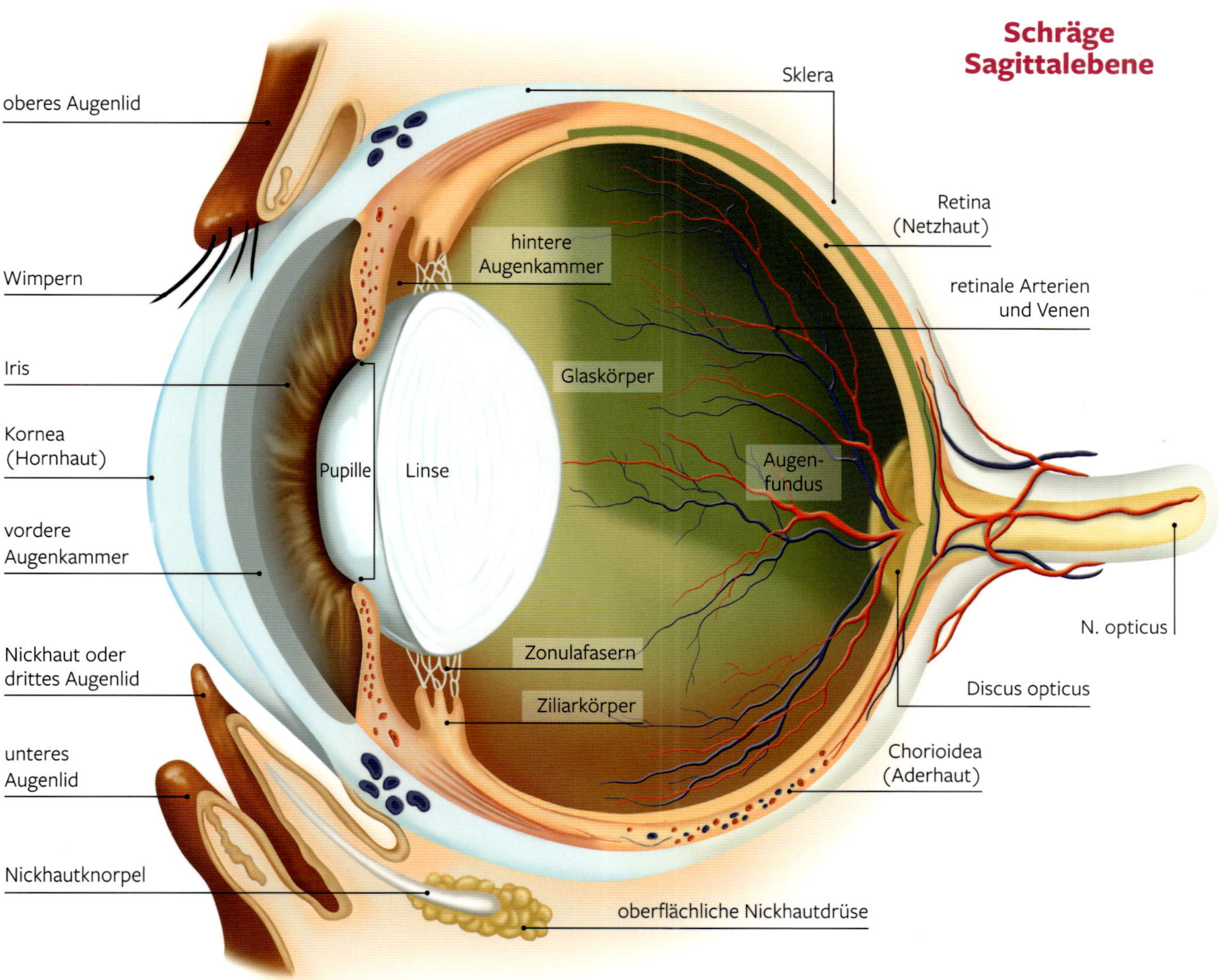

Sehen

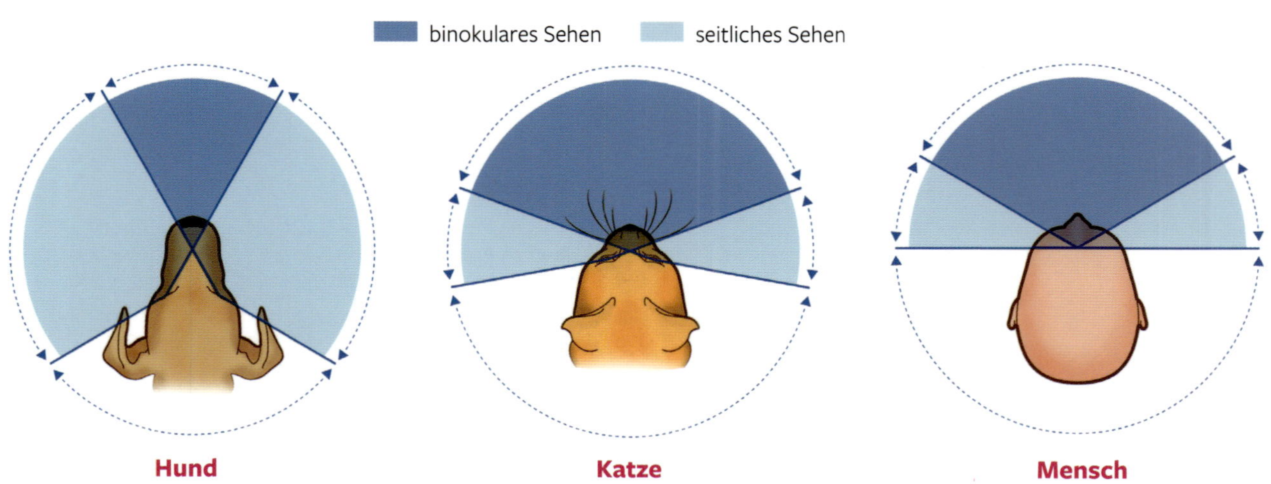

Augen

2.54 Keratoconjunctivitis sicca (KCS)

Entzündliche Erkrankung der Hornhaut (und Bindehaut), die durch einen Mangel an Qualität oder Quantität des Tränenfilms verursacht wird; kann einseitig oder, häufiger, beidseitig vorkommen. Mit fortschreitender Krankheit verliert die Hornhaut ihre charakteristische Transparenz, glatte Oberfläche, Helligkeit und Avaskularität.

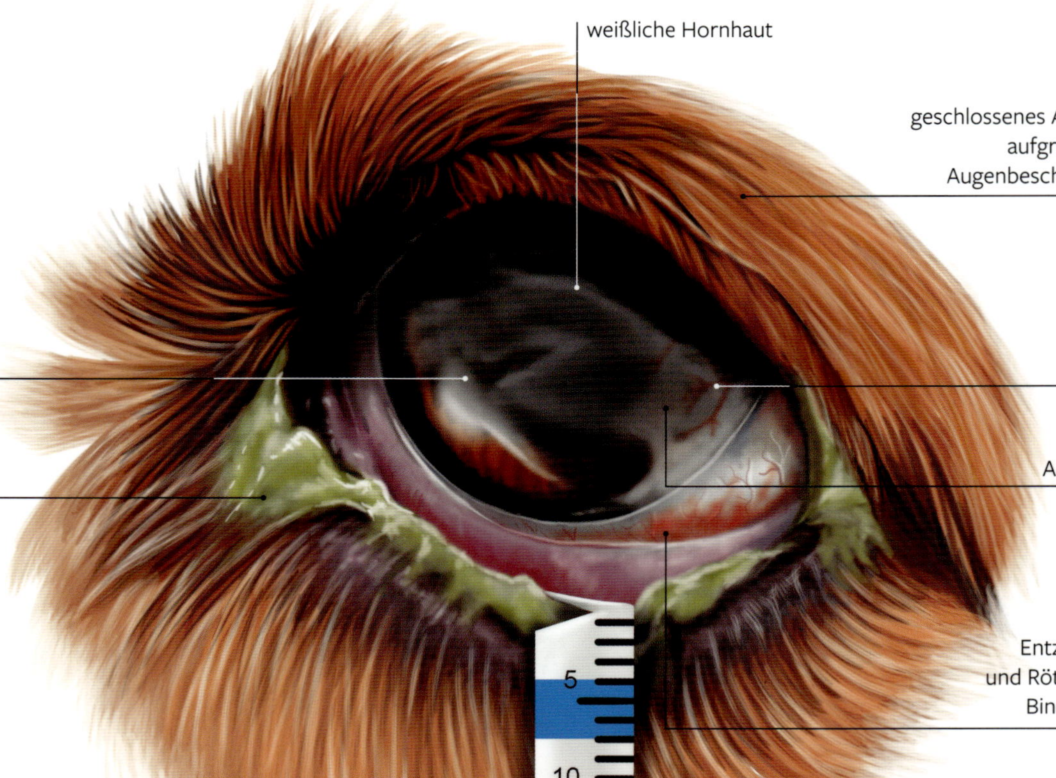

Schirmer-Tränentest

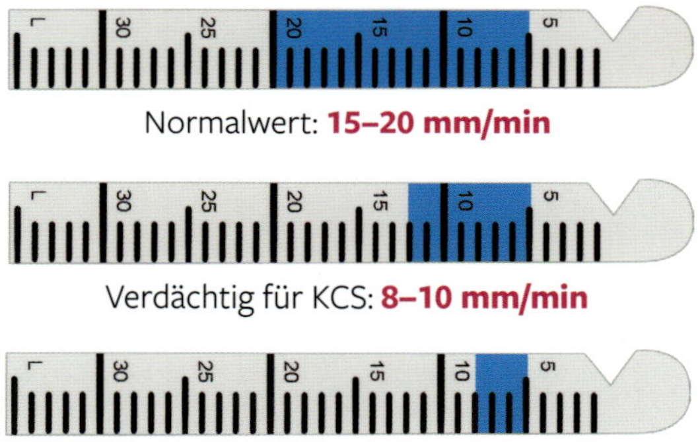

Normalwert: **15–20 mm/min**

Verdächtig für KCS: **8–10 mm/min**

Bestätigung einer KCS: **< 8 mm/min**

Die Anwesenheit von Schleim auf der Hornhaut ist ein deutliches Zeichen einer KCS.

Viele KCS-Fälle haben einen immunvermittelten Ursprung, mit Einbezug der Tränendrüsen (lymphoplasmatische Dakryoadenitis).

Konservative Therapie

- Eliminierung der Ursache der KCS, wann immer möglich
- Stimulation der Tränenproduktion oder Verabreichung von künstlicher Tränenflüssigkeit
- Entzündungs- und Infektionskontrolle
- Immunsuppressiva (Ciclosporin) bei immunvermittelter Erkrankung

2.55 Hornhautulkus

Schädigung einer oder mehrerer Hornhautschichten. Klassifiziert als oberflächliche oder tiefe Hornhautulzera, und Descemetozelen.

Rezidivierende oder indolente Geschwüre sind refraktär für eine medizinische Behandlung. Brachyzephale Rassen (Boxer, Bulldogge, Mops) sind prädisponiert.

Ursachen

- Trauma
- Fremdkörper
- Irritanzien
- ständiges Reiben der Haare oder Wimpern
- Keratoconjunctivitis sicca
- Bakterien und Viren

Schmerzen und Sekundärinfektionen sind zu behandeln. Die Heilung muss gefördert werden.

Arten von Hornhautulzera

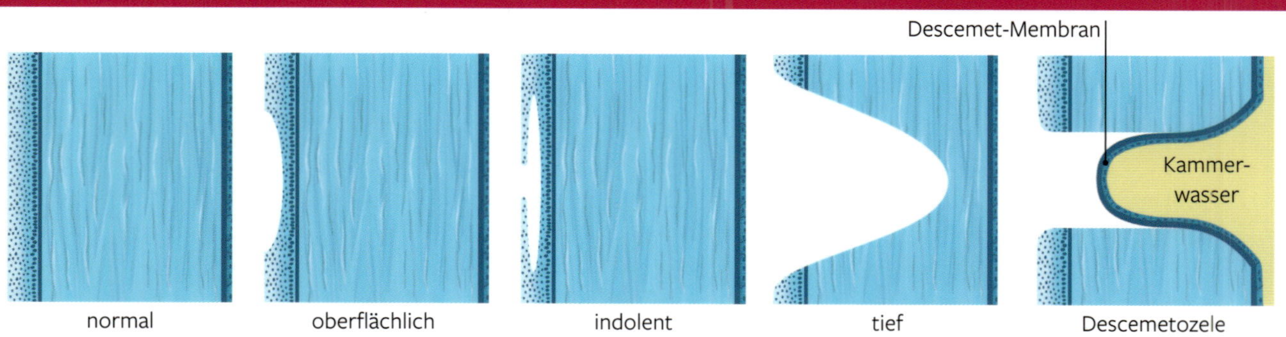

Chirurgische Therapie

- Bindehautlappen werden bei tiefen Hornhautläsionen und Descemetozelen verwendet. Der Lappen füllt den Hornhautdefekt, fördert die Heilung und hilft, Hornhautperforationen zu vermeiden.
- Der Defekt kann abgedeckt werden, indem das dritte Augenlid an die bulbäre Bindehaut genäht wird (Tarsorrhaphie).
- Indolente und chronische Geschwüre sollten sorgfältig mit Debridement-Techniken oder Gitter-Keratotomie behandelt werden.

2.56 Linsendegeneration

Katarakt (Grauer Star)

Bei einer Katarakt kommt es zu einem teilweisen oder vollständigen Verlust der Linsentransparenz. Katarakte können ein- oder beidseitig sein und werden nach Lage, Reifegrad, Erkrankungsalter und Progression klassifiziert.

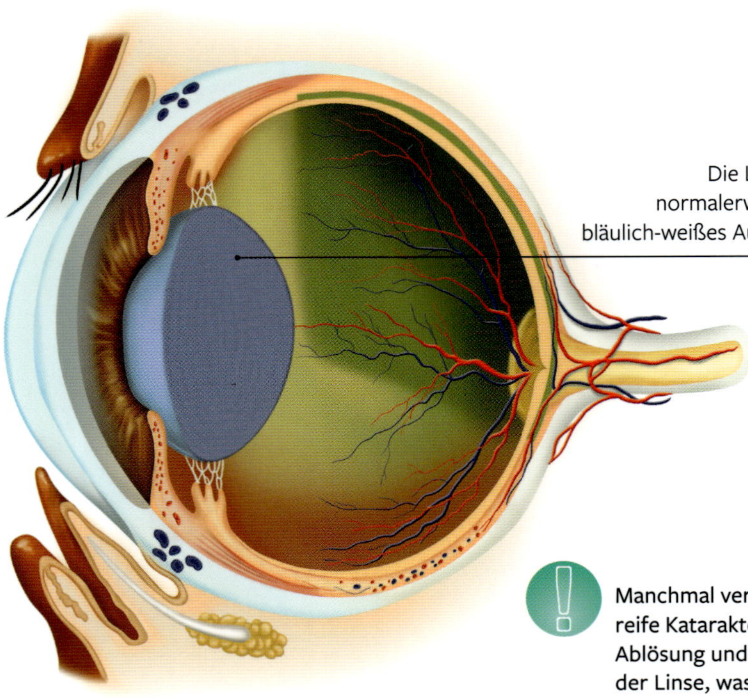

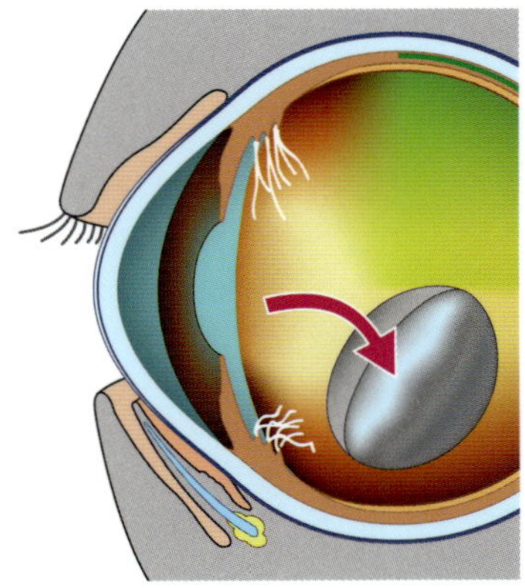

hintere Linsenluxation (komplett)

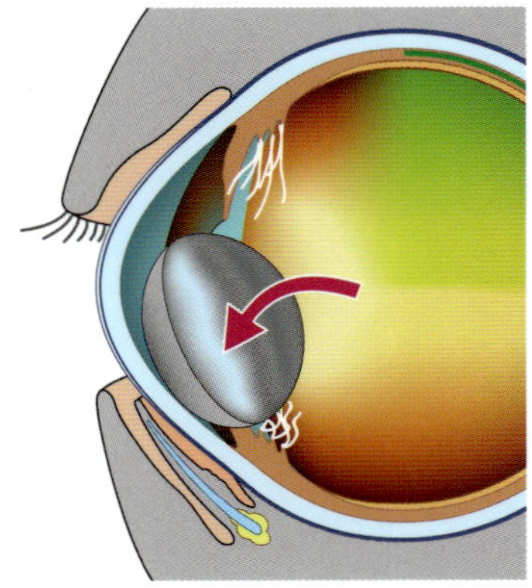

vordere Linsenluxation

Manchmal verursachen reife Katarakte eine Ablösung und Dislokation der Linse, was die intraokulare Hypertonie stimuliert.

Ursachen

- degenerativ (häufig)
- Trauma
- Stoffwechselstörungen (diabetische Katarakt)
- toxisch
- genetisch (kongenitale und juvenile Katarakt)
- andere Augenkrankheiten

Chirurgische Technik zur Behebung von Katarakten

Extrakapsuläre Extraktion durch Phakoemulsifikation ist die Technik der Wahl. Ultraschall wird verwendet, um die Linse zu fragmentieren, um Risiken, Nebenwirkungen und die Dauer der Operation zu minimieren.

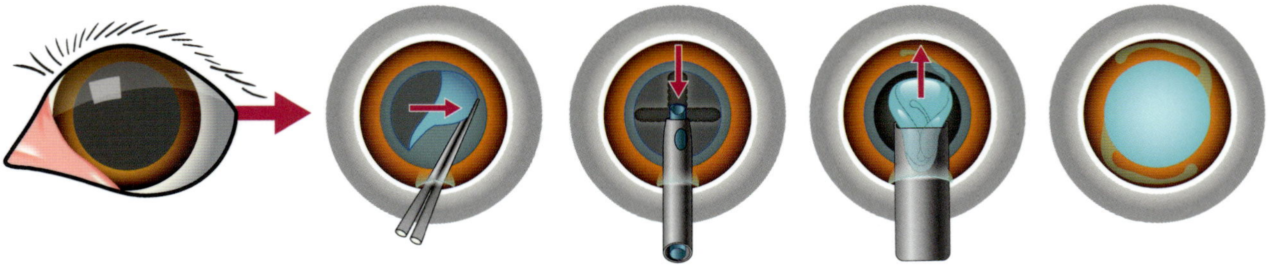

kleiner Schnitt in der Hornhaut — Ruptur des Linsenkerns durch Ultraschall und Extraktion — Implantation der Intraokularlinse — endgültiges Erscheinungsbild der Intraokularlinse

2.57 Veränderungen der Augenlider und Wimpern

Veränderungen der Augenlider

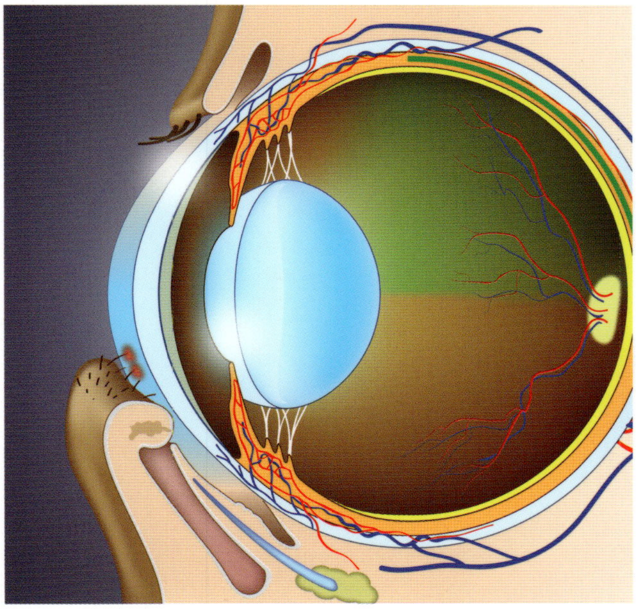

Entropium

Inversion des Lidrands, die ein- oder beidseitig sein kann. Gekennzeichnet durch:

- exzessives Tränen, Photophobie
- geschlossene Augen aufgrund von Augenbeschwerden
- Keratitis und Hornhautgeschwüre durch kontinuierliches Reiben der Haare/Wimpern

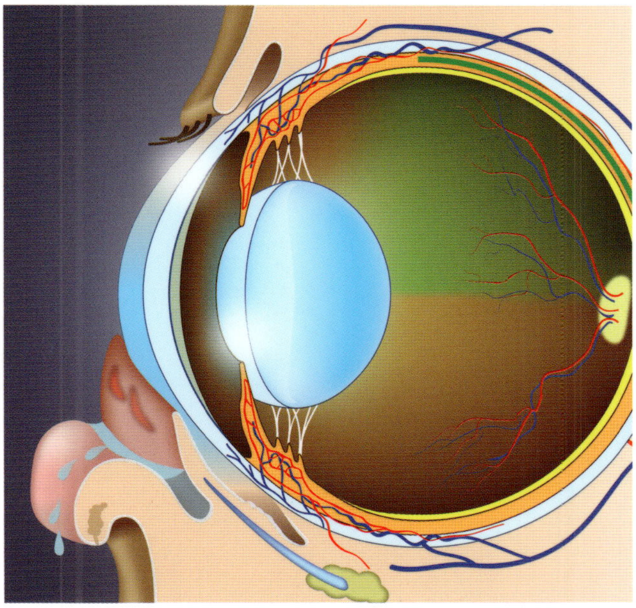

Ektropium

Eversion des freien Randes des Augenlids, wodurch die exponierte Bindehaut und Hornhaut ungeschützt bleiben. In der Regel beidseitig. Gekennzeichnet durch:

- Freiliegen der Bindehaut
- übermäßiges Tränen
- chronische Expositionskeratitis

Eine spezielle Operation ist erforderlich, um diese Veränderungen zu beheben.

Veränderungen der Wimpern

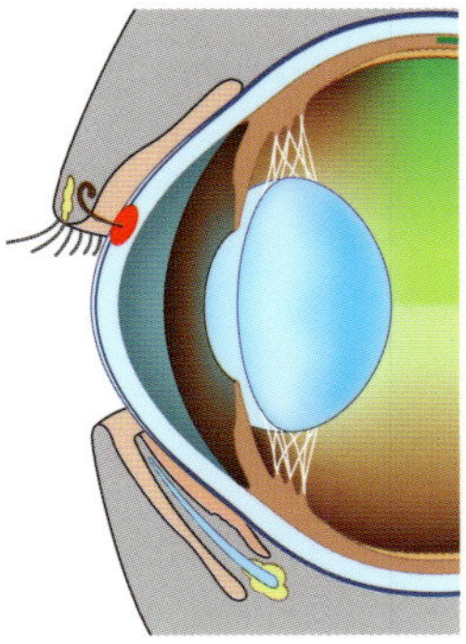

Zilienektopie

Haare an anormalen Stellen, die aus der Bindehaut austreten und in Richtung Hornhaut wachsen.

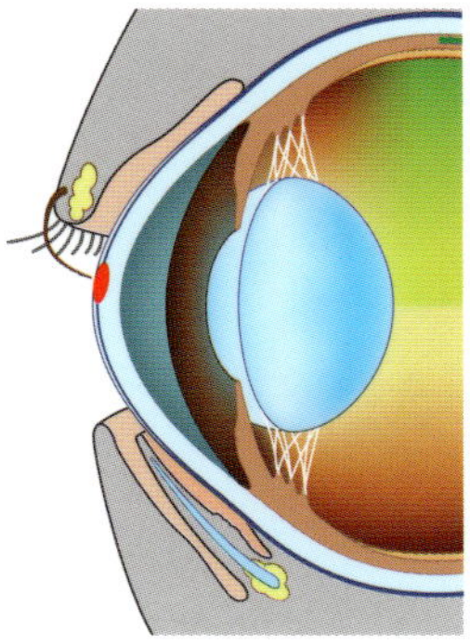

Trichiasis

Haare in normaler Lage, die in Richtung Hornhaut wachsen. Oft in Verbindung mit einem Entropium.

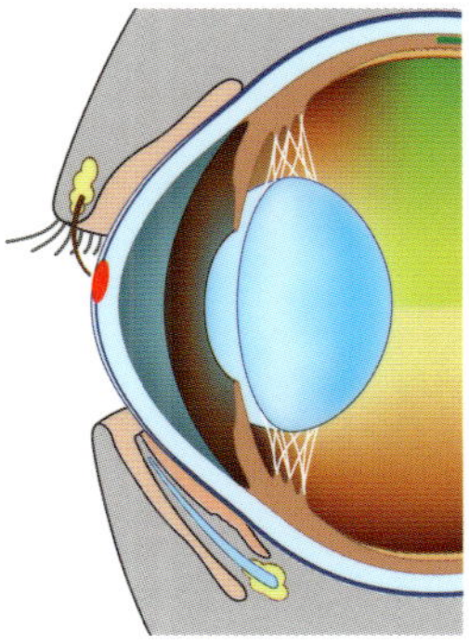

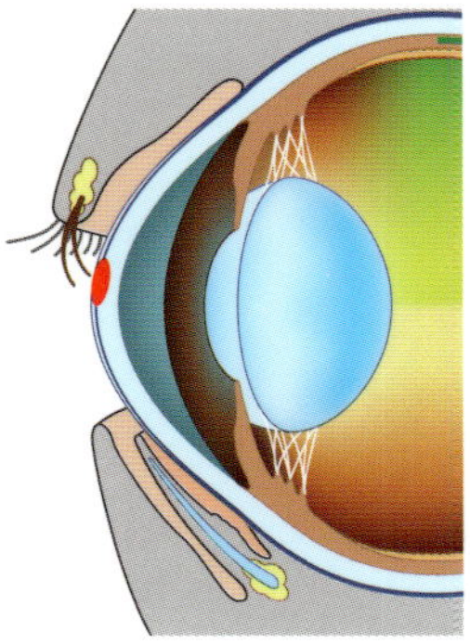

Distichiasis und Districhiasis

Zusätzliche Wimpern an anormalen Stellen, die in Richtung Hornhaut wachsen können. Treten normalerweise durch die Sekretkanäle der Meibom-Drüsen des oberen Augenlids aus. Districhiasis ist das Wachstum von mehr als einem Haar durch denselben Kanal.

2.58 Zentrales, peripheres und autonomes Nervensystem

Zentrales Nervensystem

A. Gehirn
B. Zerebellum
C. Hirnstamm
D. Rückenmark

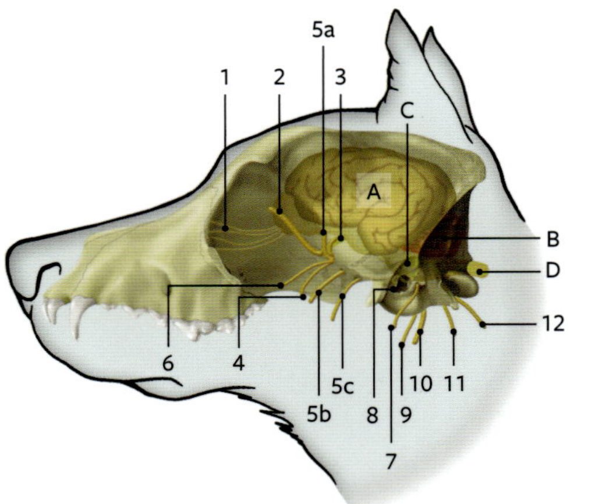

Peripheres Nervensystem

1. N. olfactorius (I. Hirnnerv)
2. N. opticus (II. Hirnnerv)
3. N. oculomotorius (III. Hirnnerv)
4. N. trochlearis (IV. Hirnnerv)
5. N. trigeminus (V. Hirnnerv)
  a. N. ophthalmicus (V. Hirnnerv, 1. Ast)
  b. N. maxillaris (V. Hirnnerv, 2. Ast)
  c. N. mandibularis (V. Hirnnerv, 3. Ast)
6. N. abducens (VI. Hirnnerv)
7. N. facialis (VII. Hirnnerv)
8. N. vestibulocochlearis (VII. Hirnnerv)
9. N. glossopharyngeus (IX. Hirnnerv)
10. N. vagus (X. Hirnnerv)
11. N. accessorius (XI. Hirnnerv)
12. N. hypoglossus (XII. Hirnnerv)
13. zervikale Spinalnerven
14. Plexus brachialis (C6, C7, C8, T1)
15. N. radialis
16. N. musculocutaneus
17. N. medianus
18. N. ulnaris
19. thorakale Spinalnerven
20. lumbale Spinalnerven
21. Plexus lumbosacralis (L3–L7 und S1–S3)
22. N. femoralis
23. N. saphenus
24. N. obturatorius
25. N. ischiadicus
26. Cauda equina

Autonomes Nervensystem

27. Ganglion cervicale craniale
28. proximales und distales vagales Ganglion
29. Truncus vagosympathicus
30. Ganglion cervicale caudale
31. Ganglion cervicothoracica
32. N. vagus
33. N. vagus, dorsaler Ast
34. N. vagus, ventraler Ast
35. Ganglien des Truncus sympathicus
36. Ganglion coeliacum/mesentericum
37. Ganglion mesentericum caudale
38. N. hypogastricus

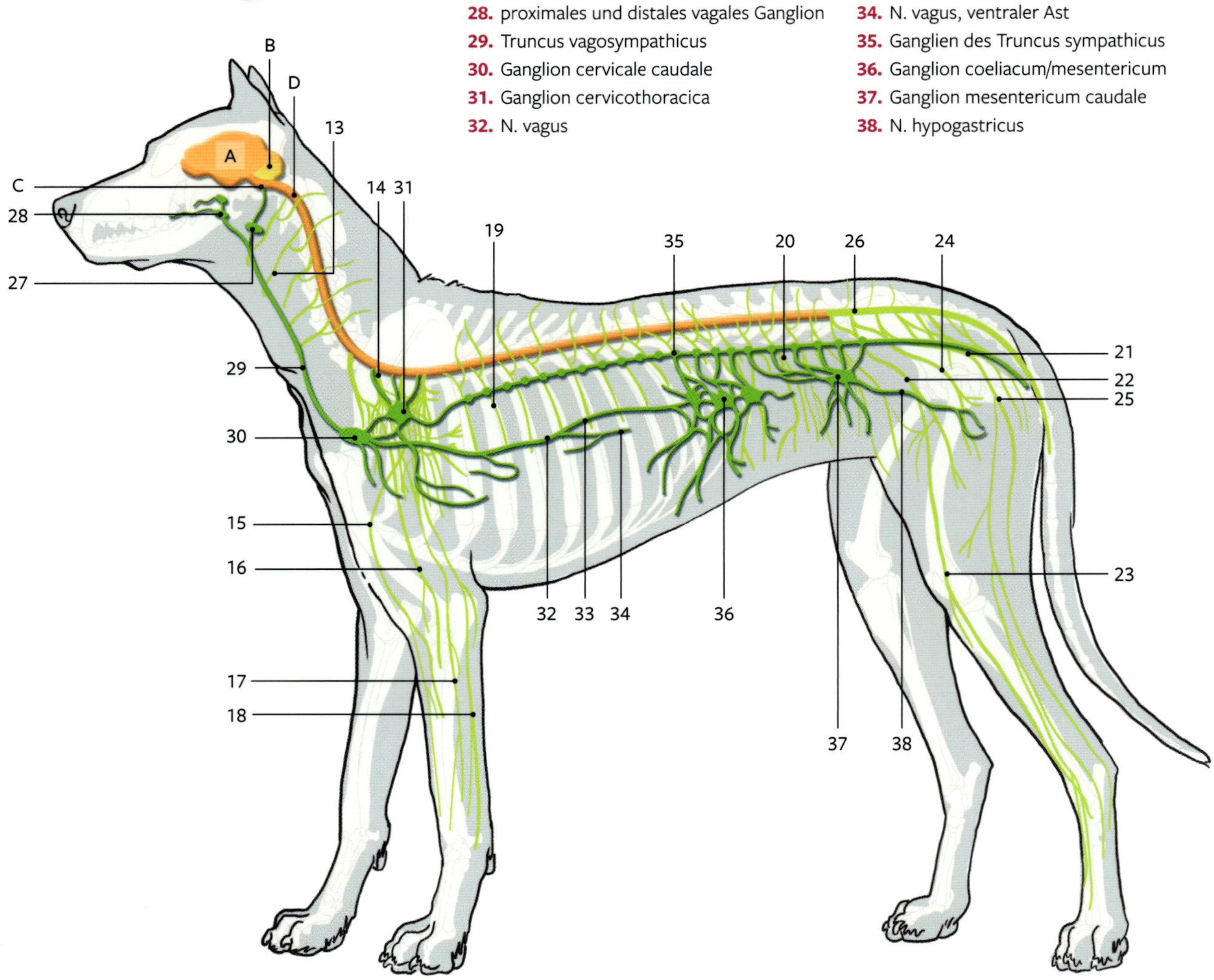

2.59 Kognitives Dysfunktionssyndrom

Altersbedingte neurodegenerative Erkrankung, die sich durch Verhaltensänderungen manifestiert. Betrifft Hunde über 7 Jahre, mit einer Inzidenz von 33 % bei Tieren über 11 Jahre.

Klinische Symptome

- Verwirrung, räumliche und zeitliche Desorientierung
- veränderte Beziehung zu Familie und anderen Tieren
- verminderte Aktivität
- Reizbarkeit und Angstzustände, veränderter Appetit
- reduzierte Reaktion auf Reize
- Probleme beim Wasserlassen und Stuhlgang
- nächtliche Aktivität, Schlaf-/Wachstörungen
- Verlust des Gedächtnisses und der Lernfähigkeit
- Entstehung zwanghaften Verhaltens

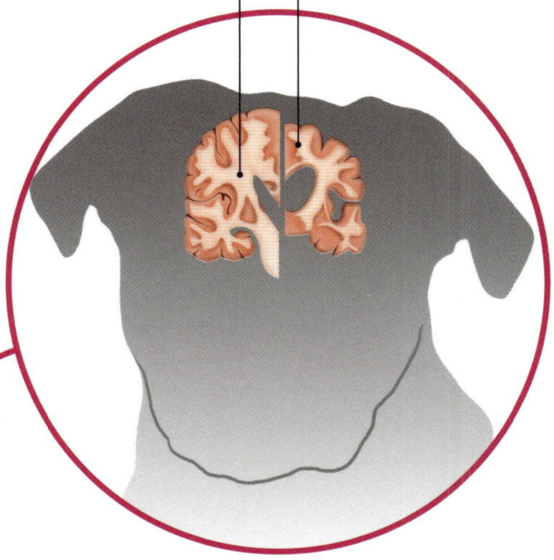

Das Altern gilt als Hauptursache für eine kognitive Dysfunktion (verminderte Blutversorgung + Ansammlung von Proteinen mit oxidativen Schäden + Verringerung der antioxidativen Aktivität), obwohl eine Beteiligung von Traumata oder mikrovaskulären Schäden auf der Ebene des ZNS nicht ausgeschlossen werden kann.

Konservative Therapie

Medikamente, welche die kardiovaskuläre Leistungsfähigkeit und die neurologische Funktion verbessern (Neuroprotektiva)

Diätetische Maßnahmen

Zusatz von Vitamin C und E, Selen, L-Carnitin und Triglyzeriden

Empfehlungen

- Anpassung der Umgebung des Hundes an die neue Situation (häufiger ins Freie gehen, nachts Licht anlassen)
- Stimulationsprogramme
- Vermeidung von Inaktivität

2.60 Peripheres und zentrales Vestibularsyndrom

Das vestibuläre System befindet sich im Innenohr und in verschiedenen Bereichen des zentralen Nervensystems. Eine Funktionsstörung dieses Systems führt zu Veränderungen des Gangs, der Kopfhaltung und der Augapfelbewegung.

Die idiopathische Form, auch geriatrisches vestibuläres Syndrom genannt, tritt bei älteren Tieren plötzlich auf.

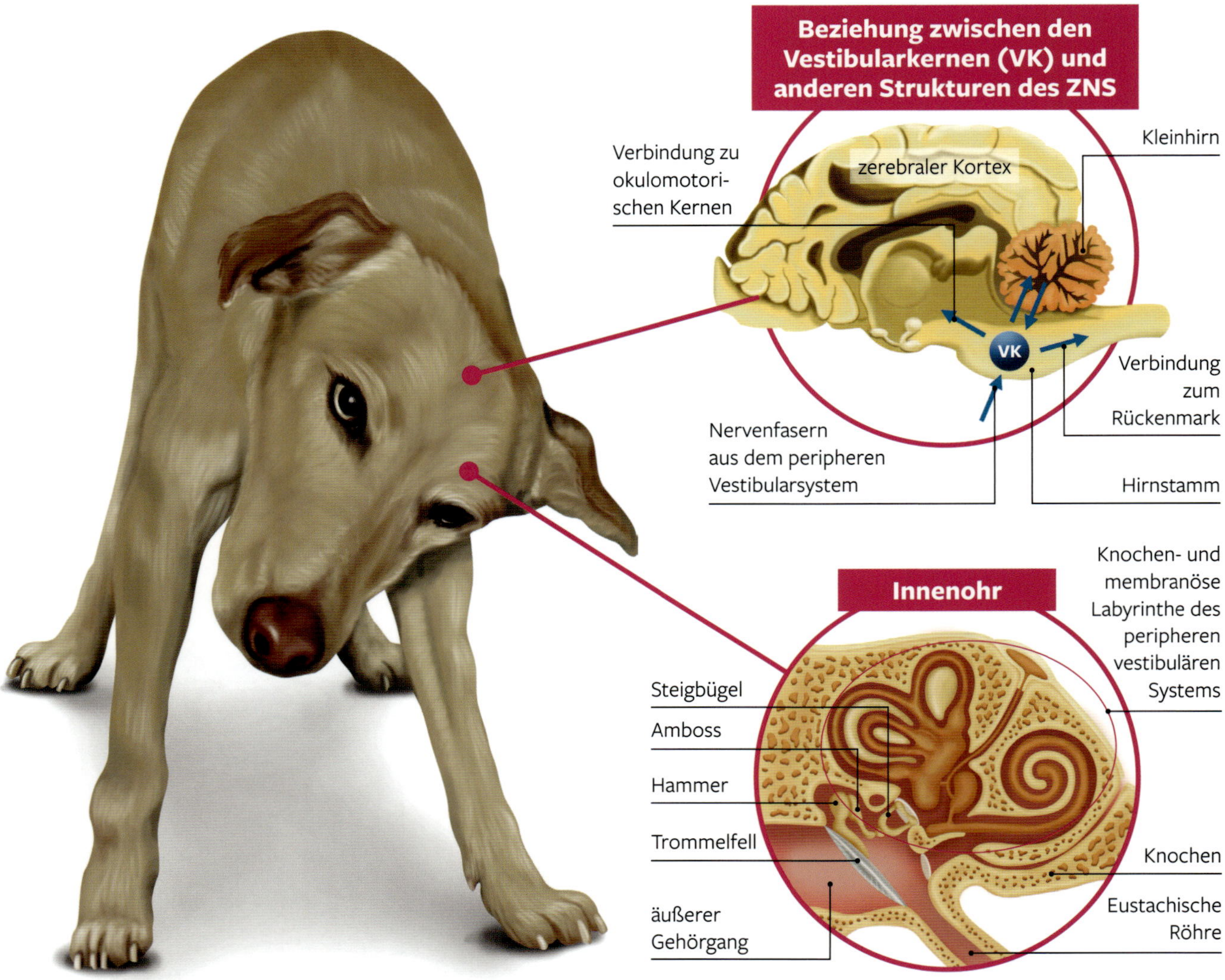

Ursachen

Peripheres Vestibularsyndrom:

- Erkrankungen des Mittel- und Innenohrs
- Trauma
- idiopathisches Vestibularsyndrom
- kongenitale Fehlbildungen
- Schilddrüseninsuffizienz
- Medikamententoxizität

Zentrales Vestibularsyndrom:

- Trauma
- Hirnblutung
- Enzephalitis
- Hirntumor
- Medikamententoxizität

Klinische Symptome

- Kopfschiefhaltung
- Nystagmus: unwillkürliche, rhythmische Bewegung der Augäpfel
- Erbrechen aufgrund von Schwindel
- Positionsstrabismus
- vestibuläre Ataxie: Die Hunde kippen zur Seite, fallen hin oder drehen sich im Kreis.
- Horner-Syndrom (in manchen Fällen)

2.61 Krampfanfälle und Epilepsie

(Krampf-)Anfälle sind vorübergehende Veränderungen der elektrischen Funktion des Gehirns, die eine schnelle und unkontrollierte Muskelübererregbarkeit verursachen, die generalisiert oder fokal sein kann.

Generalisierte Anfälle

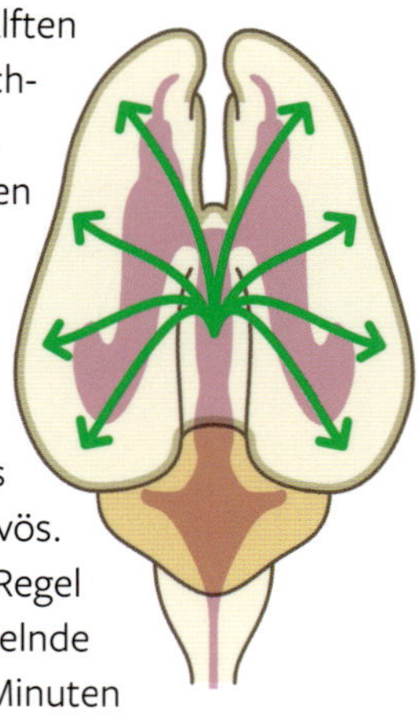

- Sie entstehen in beiden Gehirnhälften und manifestieren sich mit tonisch-klonischen Muskelkontraktionen, Bewusstseinsverlust und klinischen Symptomen im Zusammenhang mit dem autonomen Nervensystem (Speichelfluss, Wasserlassen, Erbrechen).
- Gewöhnlich spürt der Hund, dass etwas passieren wird, und ist nervös. Nach dem Anfall erlebt er in der Regel Desorientierung, Blindheit, mangelnde Koordination und Unruhe, über Minuten bis Stunden anhaltend.

Fokale Anfälle

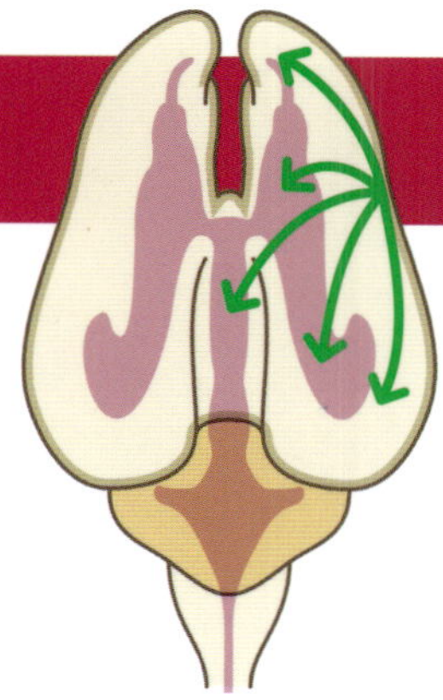

Diese entstehen in bestimmten Bereichen des Gehirns; die klinischen Symptome beschränken sich auf bestimmte Muskeln des Körpers oder auf leichte Verhaltensstörungen.

Hunde mit Anfällen sollten immer tierärztlich vorgestellt werden, damit eine vollständige Untersuchung des Patienten durchgeführt werden kann, um nach metabolischen oder toxischen Ursachen zu suchen, die den Anfällen zugrunde liegen können.

Epilepsie

- Wenn Anfälle nicht auf eine organische oder äußere Ursache zurückgeführt werden können, gilt die zerebrale Veränderung als primär (d. h. Epilepsie).
- Klinische Symptome beginnen normalerweise in den ersten 5 Lebensjahren des Hundes.
- Ereignen sich die Anfälle häufiger als einmal pro Monat oder treten mehrere Anfälle hintereinander am selben Tag auf, wird der Tierarzt eine Behandlung einleiten.
- Inzwischen können Anfälle in den meisten Fällen mit Medikamenten gut kontrolliert werden und der Hund kann ein normales Leben führen.

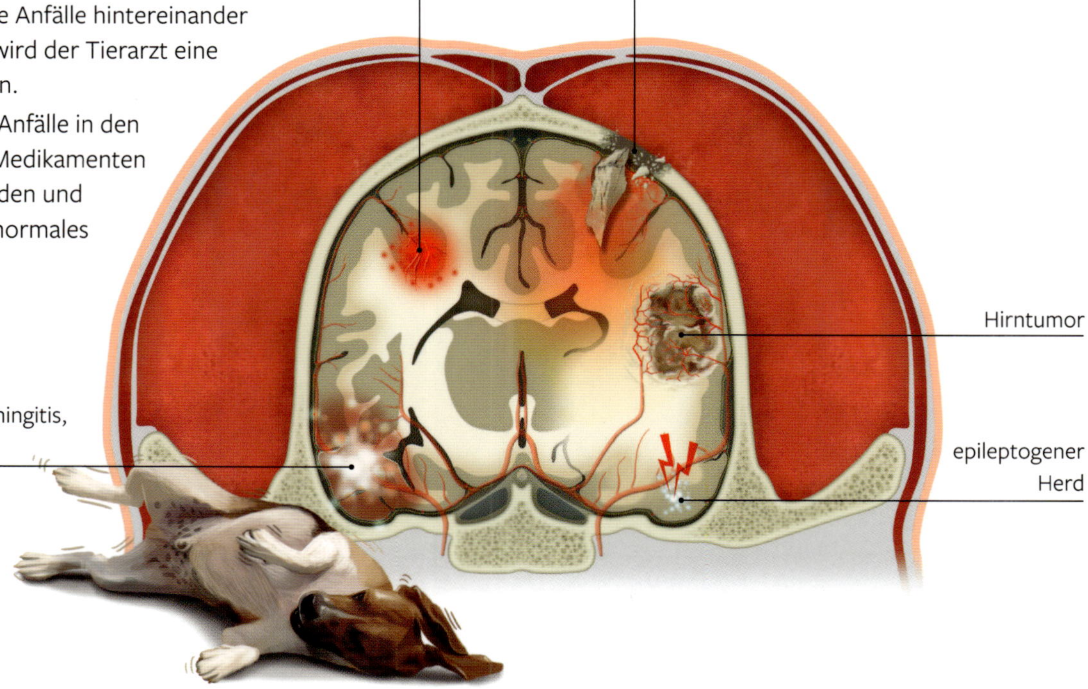

2.62 Der anämische Hund

Regenerative und aregenerative Anämie

Anämie ist definiert als ein Mangel an roten Blutkörperchen (Erythrozyten) im Blut und wird evaluiert anhand deren Quantifizierung, entweder in der Anzahl der Erythrozyten (Gesamtzellen), des Volumens (Hämatokrit) oder der Menge an Hämoglobin. Die charakteristischsten klinischen Symptome sind blasse Schleimhäute, verminderte körperliche Aktivität und erhöhte Herzfrequenz.

Regenerative Anämie

- Eine Anämie in Verbindung mit einer ausreichenden Produktion von Erythrozyten im Knochenmark wird als regenerative Anämie bezeichnet.
- Sie ist in der Regel mit Blutungen oder Zerstörung von Erythrozyten (Hämolyse) verbunden.
- Eine Hämolyse kann durch infektiöse Prozesse oder immunvermittelte Erkrankungen verursacht werden.

Aregenerative Anämie

- Wenn das Knochenmark nicht genügend Erythrozyten produziert, gilt die resultierende Anämie als aregenerativ.
- Ursachen sind chronisch-entzündliche Erkrankungen, chronische Nierenerkrankungen, Krebs und einige hormonelle Erkrankungen.

In der tierärztlichen Praxis werden diagnostische Tests durchgeführt, um die Art und Ursache der Anämie bei dem jeweiligen Patienten zu bestimmen.

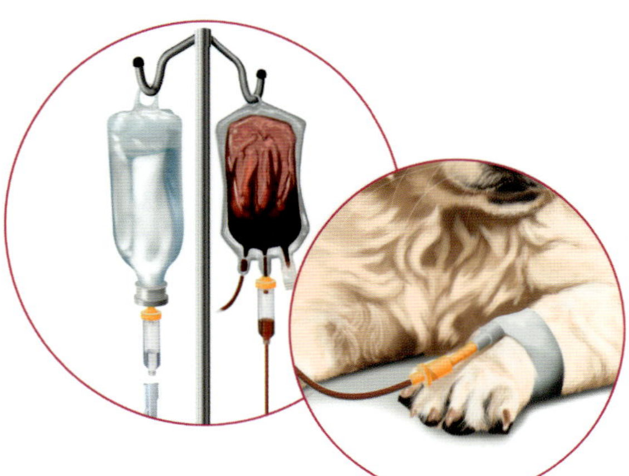

Bluttransfusion

Oft benötigen anämische Patienten mit schwerem Blutverlust eine Bluttransfusion. Dies gibt Zeit, um den Ursprung der Anämie richtig zu diagnostizieren und die beste Behandlung für die zugrundeliegende Krankheit festzulegen.

2.63 Kanines Lymphom

Bösartiger Tumor, der durch die Vermehrung von lymphatischen Zellen verursacht wird und Lymphknoten sowie einige andere Organe des Körpers (Milz, Leber, Darm) betrifft.

Erscheinungsbild

- Das Erscheinungsbild des Tumors variiert je nach Lokalisation der betroffenen Organe.
- Die häufigste Form ist multizentrisch (d. h. Wachstum verschiedener Knoten im gesamten Körper).
- Am nächsthäufigsten sieht man die alimentäre (Verdauungssystem), mediastinale (kardiorespiratorisches System) und kutane Form.

Bestimmte Rassen sind für diesen Tumortyp prädisponiert (z. B. Boxer, Bulldogge, Golden Retriever, Mastiff), insbesondere Tiere im Alter von 6–9 Jahren.

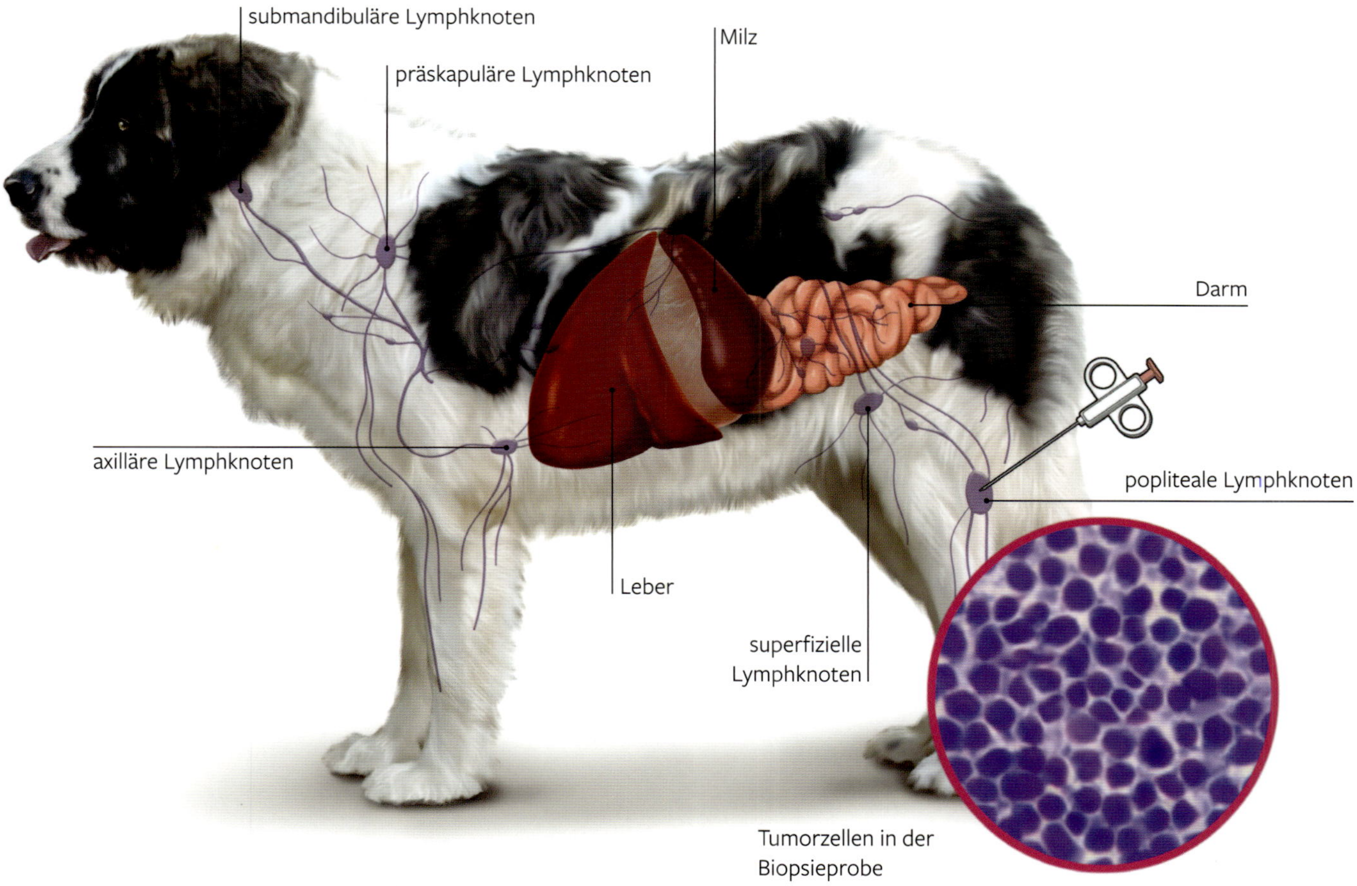

Diagnose

- Eine Biopsie ist nötig, um die Tumorzellen nachzuweisen.
- Blut- und bildgebende Untersuchungen können helfen, das Ausmaß und die Schwere der Erkrankung zu bestimmen.
- Lymphome sollten nach dem vorherrschenden Zelltyp klassifiziert werden, um die Prognose und die am besten geeignete Behandlung zu bestimmen.

Therapie

- Eine Behandlung ist bei 90 % der Hunde kurzfristig wirksam; die Prognose hängt jedoch von der Art der beteiligten Zellen (T- oder B-Zellen) und dem Ausmaß zum Zeitpunkt der Diagnose ab.
- Glücklicherweise gibt es viele wirksame Medikamentenprotokolle für diese Krankheit.

2.64 Kaniner Mastzelltumor

Mastzelltumore sind die häufigsten Hauttumore bei Hunden. Brachyzephale Rassen (z. B. Boxer, Mops, Bulldogge) sind für diesen Tumortyp prädisponiert, entwickeln aber in der Regel mildere Formen. Andere Rassen wie der Shar Pei entwickeln schwerere Formen.

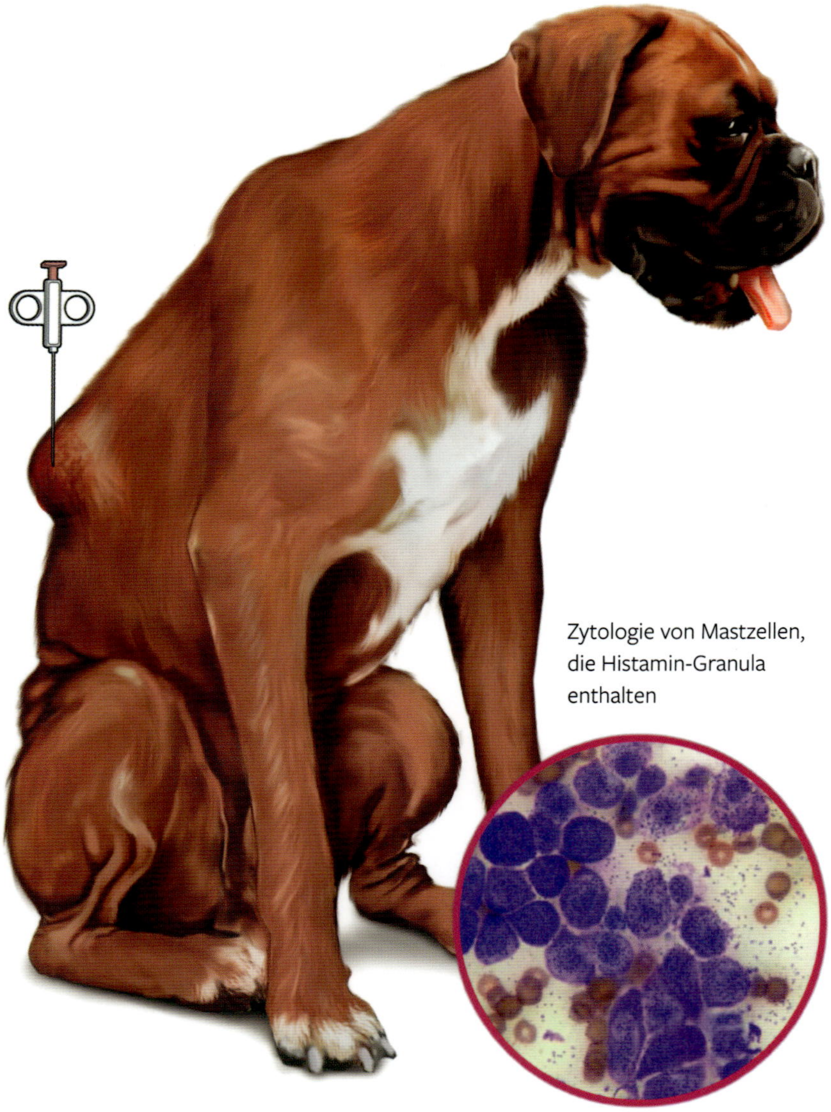

Zytologie von Mastzellen, die Histamin-Granula enthalten

Erscheinungsbild

- Solitäre oder multiple Knötchen auf der Haut von sehr variabler Textur, mit oder ohne Entzündung und damit verbundenem Juckreiz.
- Mastzelltumore können mit vielen anderen Hautläsionen verwechselt werden. Daher wird dieser Tumortyp als „großer Nachahmer“ bezeichnet.
- Da Mastzelltumore innere Organe (Milz, Leber, Lunge) befallen können, ist es sehr wichtig, den Grad der Tumormalignität beim jeweiligen Patienten zu bestimmen.

Diagnose

- Die Diagnose wird durch Feinnadelaspiration des Knotens und Zytologie der Läsion gestellt.
- Ultraschall und Computertomografie können helfen, das Ausmaß und den Grad der Malignität festzustellen.

Die Prognose hängt stark vom Grad der Malignität und der Ausdehnung des Tumors ab.

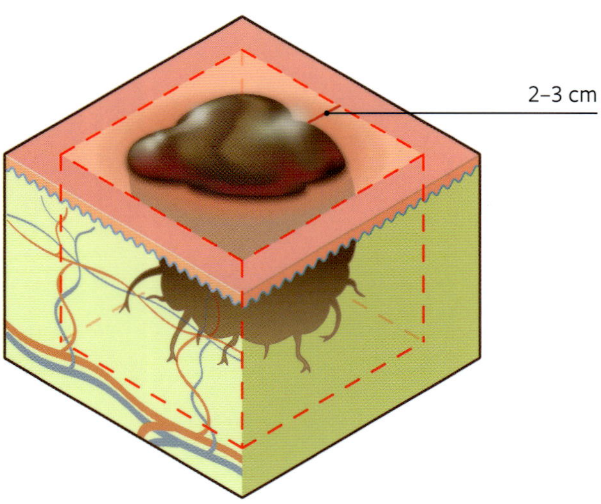

Bei der Mastzellresektion ist mit einem großen Abstand zum Tumorgewebe zu schneiden, um ein erneutes Auftreten zu vermeiden.

Therapie

- niedriggradige Mastzelltumore (Grad 1–2, eher benigne): vollständige chirurgische Entfernung
- hochgradige Mastzelltumore (Grad 3, eher maligne): Eine chirurgische Entfernung muss mit einer Chemotherapie (Vinblastin, Lomustin, Toceranib, Masitinib, mit oder ohne Kortikosteroiden) mit oder ohne Strahlentherapie kombiniert oder durch diese ersetzt werden.

2.65 Kanines Hämangiosarkom

Bösartiger Tumor, der die Innenwände der Blutgefäße betrifft, vermutlich aufgrund einer fehlerhaften Differenzierung von Endothelzellen im Knochenmark. Diese bösartigen Zellen wandern durch die Gefäße, in denen sich dann Tumormassen bilden.

Klinisches Erscheinungsbild

- Die häufigsten Lokalisationen des Primärtumors sind Milz, Herz, Haut und Leber.
- Dieser Tumor zeigt ein extrem aggressives biologisches Verhalten mit häufigen Metastasen in Leber, Bauchhöhle, Lunge und sogar Gehirn.
- Häufigste klinische Symptome: plötzliche Schwäche, blasse Schleimhäute und sogar Schock. Diese Symptome werden durch Ruptur des Tumors und innere Blutungen verursacht.
- Wenn die Haut betroffen ist, sind die resultierenden Läsionen normalerweise Knötchen, die leicht bluten.

Zu den Rassen, bei denen dieser Tumor am häufigsten diagnostiziert wird, gehören Deutscher Schäferhund, Labrador Retriever und große Rassen im Allgemeinen.

Diagnose

- Eine frühzeitige Diagnose durch Ultraschall oder Computertomografie und die Entnahme von Biopsieproben können der Schlüssel für einen Heilungserfolg sein.

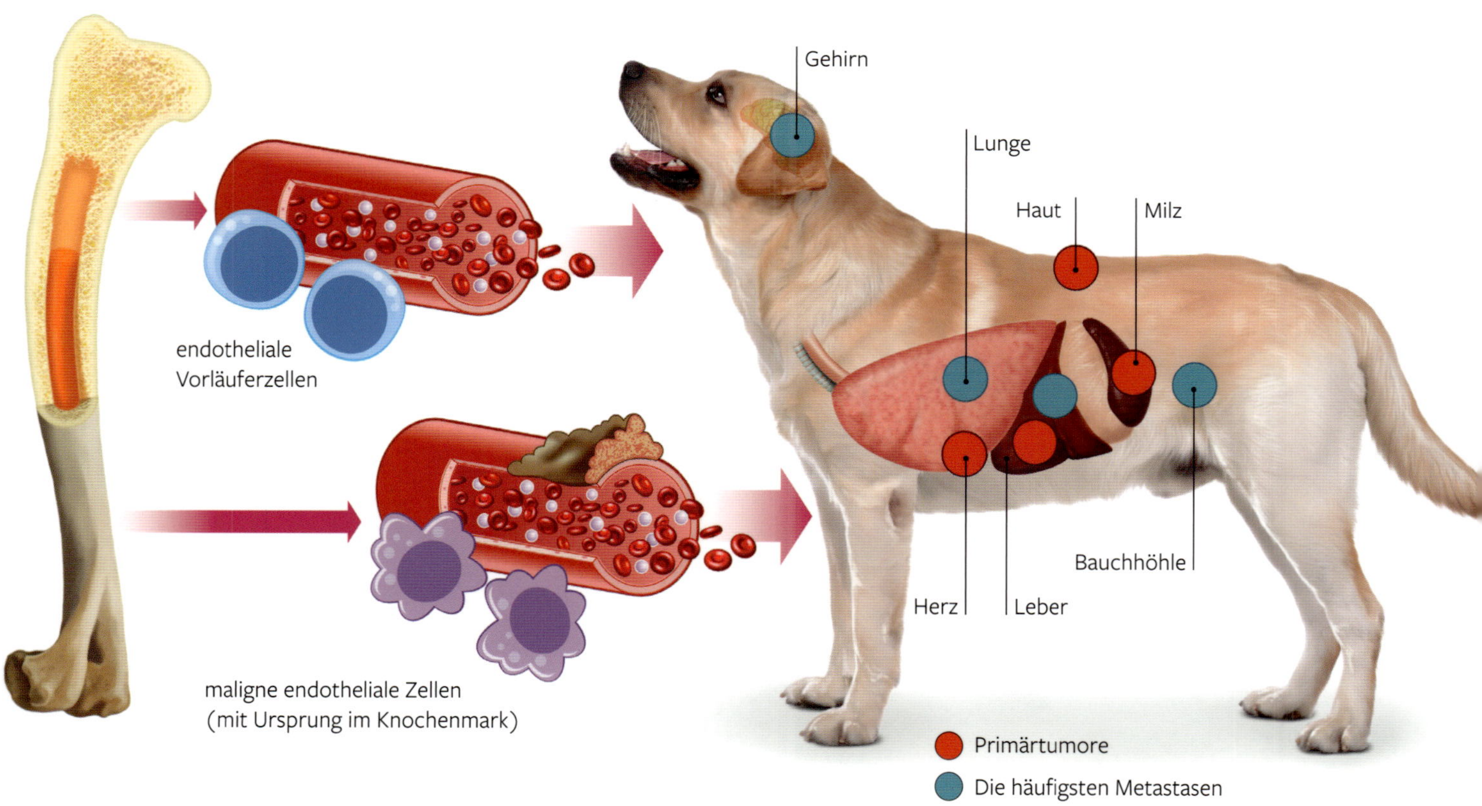

Therapie

Die effektivste Behandlung ist eine Operation mit Entfernung des Haupttumors, gefolgt von einem Chemotherapieprotokoll.

3.1 Kanine Leishmaniose

Parasitäre Erkrankung, die durch das Protozoon *Leishmania infantum* verursacht und hauptsächlich durch den Stich von Sandmücken übertragen wird.

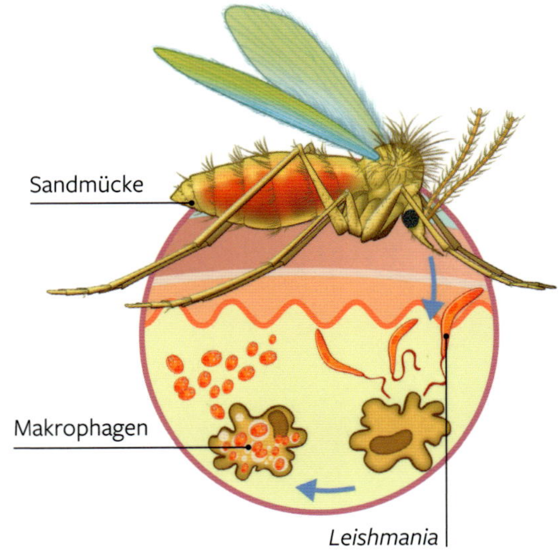

Weltweite Verbreitung, endemisch im Mittelmeerraum. Kann auf den Menschen übertragen werden (Zoonose).

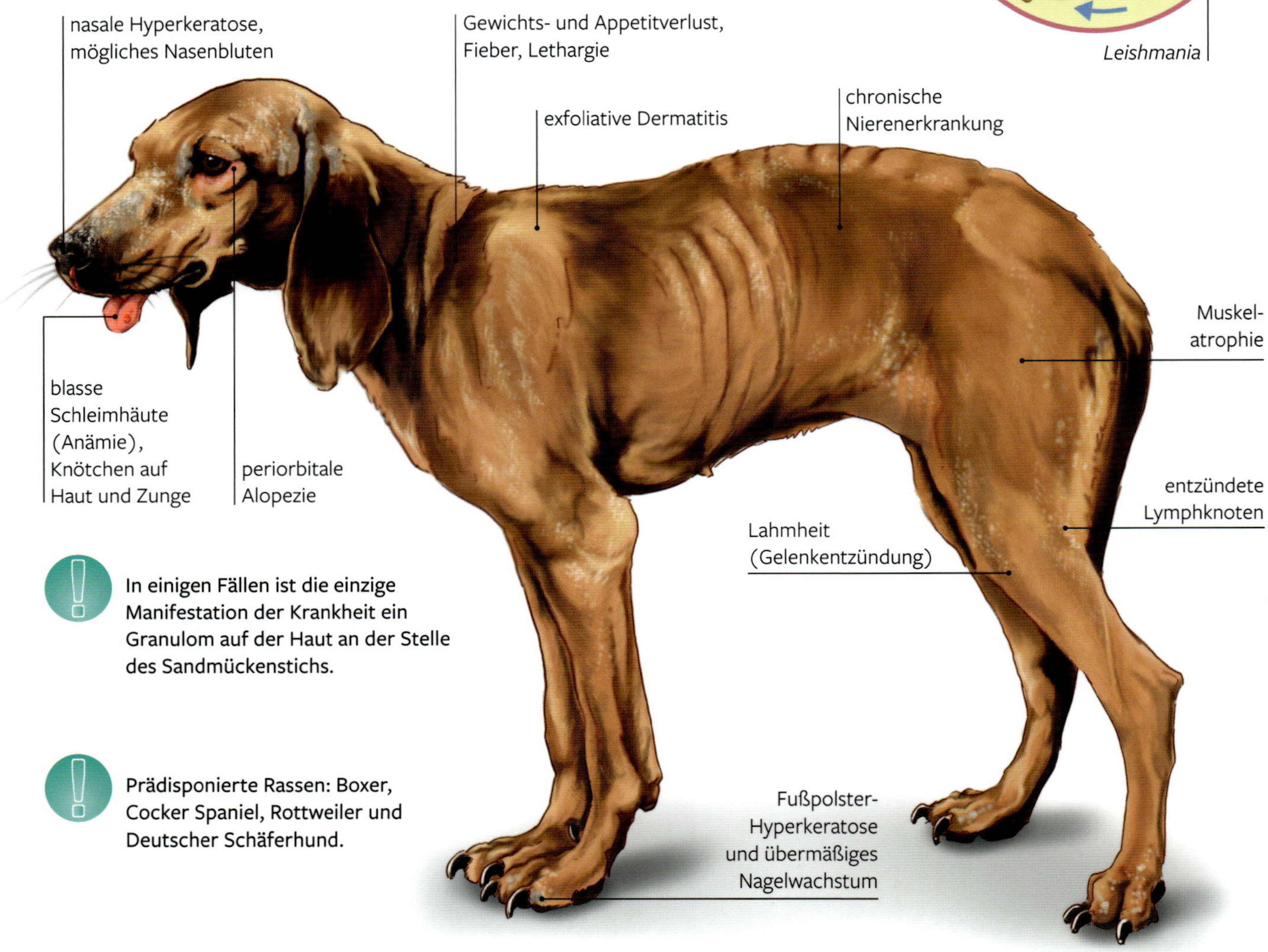

In einigen Fällen ist die einzige Manifestation der Krankheit ein Granulom auf der Haut an der Stelle des Sandmückenstichs.

Prädisponierte Rassen: Boxer, Cocker Spaniel, Rottweiler und Deutscher Schäferhund.

Konservative Therapie

- Kombination von anti-leishmanialen (pentavalente Antimon-Präparate, Miltefosin) und leishmaniostatischen (Allopurinol) Medikamenten.
- Der Parasit wird nicht vollständig eliminiert, aber klinische Symptome werden kontrolliert.

Empfehlungen/Prävention

- Repellenzien oder topische Insektizide (Pipetten oder Halsbänder), um Sandmückenstiche und damit die Übertragung zu verhindern.
- Mückennetze an Türen und Fenstern
- Spaziergänge am späten Nachmittag vermeiden
- Impfung

3.2 Filariose

Herzwurmerkrankung

Verursacht durch den Parasiten *Dirofilaria immitis* mit weltweiter Verbreitung (Gebiete mit hoher Temperatur und Feuchtigkeit); wird durch den Stich verschiedener Arten von Moskitos übertragen, die den Parasiten in sich tragen.

Chronischer und schwerer Verlauf. Betrifft zunächst die Lungenarterien, dann die Lunge und schließlich das Herz.

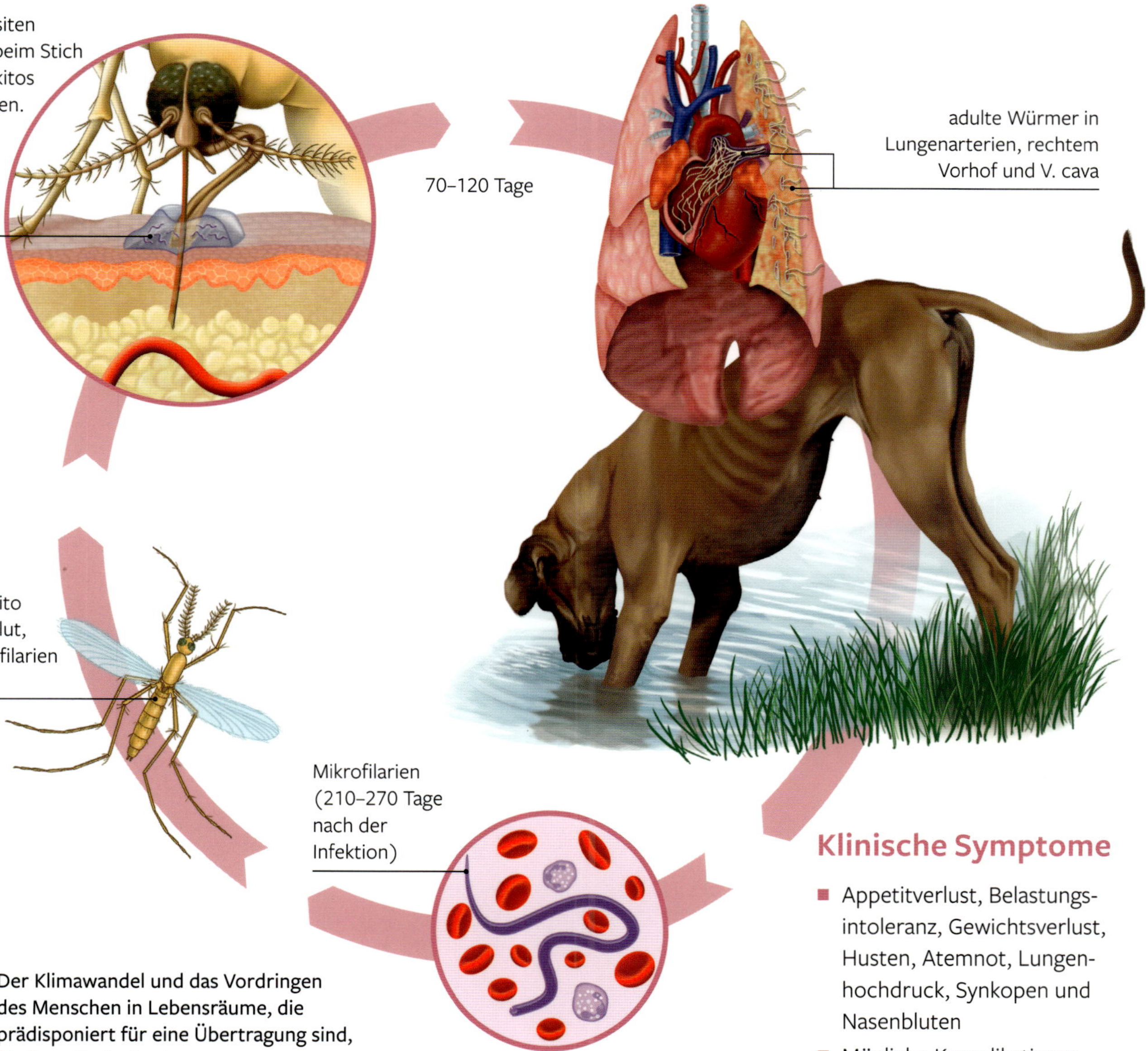

Der Klimawandel und das Vordringen des Menschen in Lebensräume, die prädisponiert für eine Übertragung sind, fördern die Ausbreitung.

Klinische Symptome

- Appetitverlust, Belastungsintoleranz, Gewichtsverlust, Husten, Atemnot, Lungenhochdruck, Synkopen und Nasenbluten
- Mögliche Komplikationen sind Aszites und Ödeme.

Konservative Therapie

Behandlungen, die auf erwachsene Herzwürmer und Larven abzielen und parasitäre Thrombosen verhindern.

Chirurgische Therapie

Bei massivem Befall können Herzwürmer operativ entfernt werden.

Empfehlungen/Prävention

- kontinuierliche Entwurmung
- jährliche Untersuchung
- Moskitostiche verhindern (in endemischen Gegenden bei Sonnenuntergang nicht ins Freie gehen)

3.3 Durch Zecken übertragene Infektionskrankheiten

Babesiose, Ehrlichiose, Lyme-Borreliose

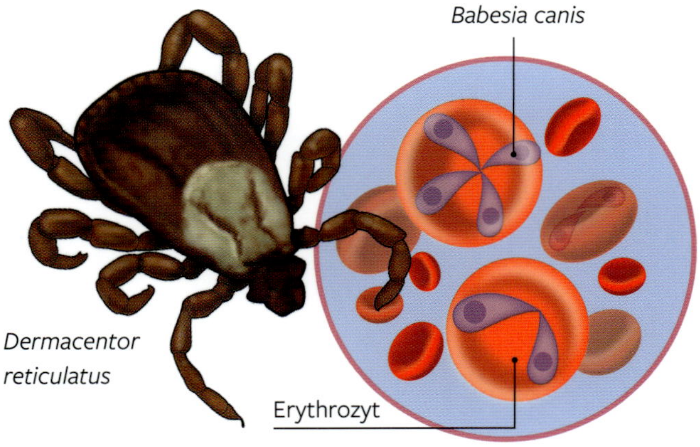

Babesiose

Krankheit, die durch Protozoen der Gattung *Babesia* verursacht und durch Zecken verschiedener Gattungen je nach betroffener *Babesia*-Art übertragen wird.

Klinische Symptome

- Hyperthermie
- hämolytische Anämie
- Ikterus (Gelbsucht)
- Hämoglobinurie
- Lethargie
- Anorexie

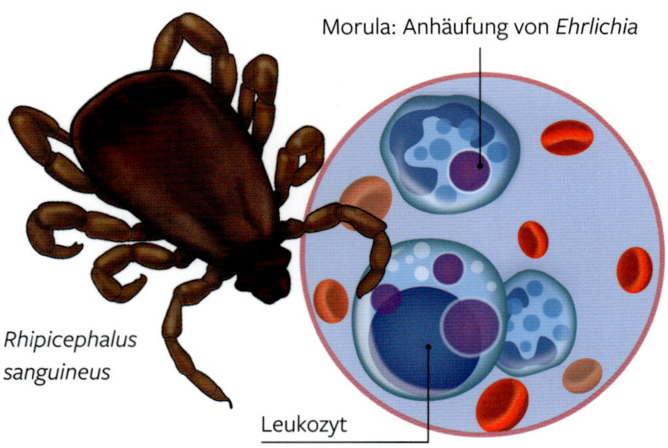

Ehrlichiose

Krankheit, die durch das Bakterium *Ehrlichia canis* verursacht und durch die Zecke *Rhipicephalus sanguineus* übertragen wird.

Klinische Symptome

- Depression, Fieber, Lymphadenopathie, Splenomegalie, Erbrechen, Lahmheit, Dyspnoe, Gewichtsverlust
- Blutungsneigung (Haut und Nase)
- Augen: Uveitis, Hyphäma, Retinaablösung, Blindheit
- Gelenk-, renale und neurologische Symptome treten in der chronischen Phase auf.

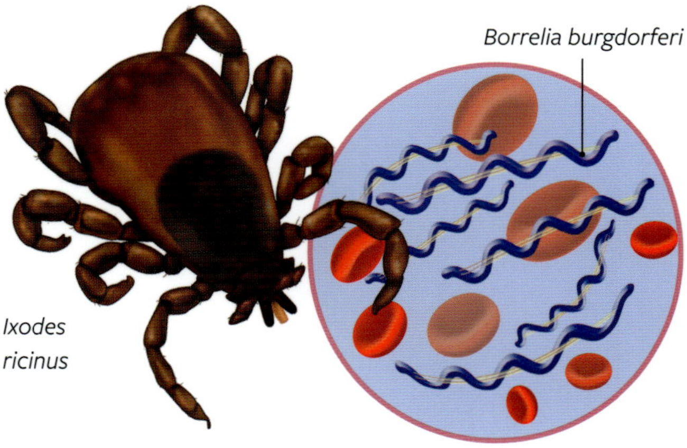

Lyme-Borreliose

Krankheit, die durch das Bakterium *Borrelia burgdorferi* verursacht und durch Zecken der Gattung *Ixodes* übertragen wird.

Klinische Symptome

- wiederkehrende Lahmheit (Arthritis)
- Glomerulonephritis
- Erbrechen, Durchfall, Anorexie, Gewichtsverlust, Polyurie/Polydipsie, Aszites und Ödeme

Empfehlungen/Prävention

- Bekämpfung von Zecken: Bäder, Sprays, Pyrethroid-haltige Halsbänder und Pipetten, Amitraz, Fipronil und Imidacloprid
- Von Zecken befallene Bereiche meiden.

Auf den Menschen übertragbare Krankheit (Zoonose).

3.4 Kanine Parvovirose

Krankheit, die durch ein Parvovirus verursacht wird; dies ist die häufigste Ursache einer viralen Enteritis bei Welpen (6 Wochen bis 6 Monate). Sie verläuft schwerer bei schnell wachsenden Welpen und tritt normalerweise im Frühjahr und Sommer auf; wird hauptsächlich oral übertragen.

Das Parvovirus kann monatelang in der Umwelt verbleiben. Es wird nur durch bestimmte Desinfektionsmittel inaktiviert (z. B. mit dem Wirkstoff Kaliummonopersulfat).

Die anfälligsten Rassen:

- Rottweiler
- Dobermann
- Labrador Retriever
- Amerikanischer Pitbull Terrier
- Deutscher Schäferhund
- Yorkshire Terrier

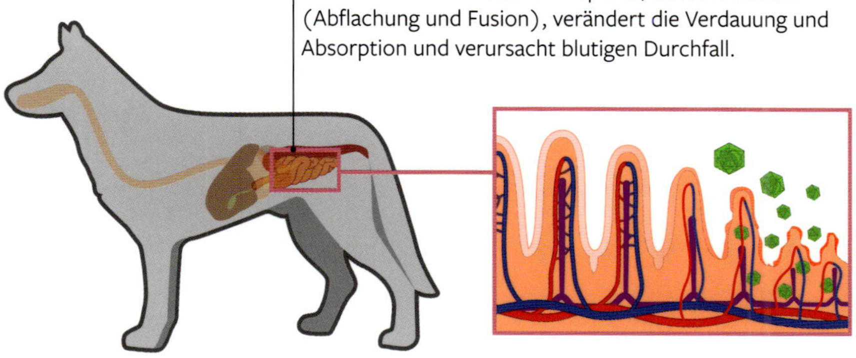

Das Virus besiedelt das Darmepithel, zerstört Zotten (Abflachung und Fusion), verändert die Verdauung und Absorption und verursacht blutigen Durchfall.

Klinische Symptome

Kardiale Form (intrauterine oder perinatale Infektion):

- Welpen < 8 Wochen
- Der Tod kann aufgrund einer akuten Myokardinfektion (Myokarditis) eintreten.
- Welpen, die eine Myokarditis überstehen, können anschließend an kongestiver Herzinsuffizienz sterben.

Intestinale Form:

- Fieber, Erbrechen und Durchfall: Dehydrierung
- Sepsis, hypovolämischer oder septischer Schock
- Tod im Zusammenhang mit schwerer Dehydrierung

Konservative Therapie

intensive Flüssigkeitstherapie und Kontrolle von Erbrechen und sekundären bakteriellen Infektionen

Sekundäre bakterielle Infektionen spielen eine Schlüsselrolle bei der Entwicklung des Krankheitsbildes.

3.5 Kanine Staupe

Hochansteckende Krankheit, die durch ein Morbillivirus verursacht wird und deren Schweregrad weitgehend von der Immunantwort des Wirtes abhängt. Das Virus wird durch Sekrete aus dem Atmungs- und Verdauungssystem sowie mit dem Urin verbreitet.

1. Mukopurulenter Nasenausfluss und Bindehautentzündung

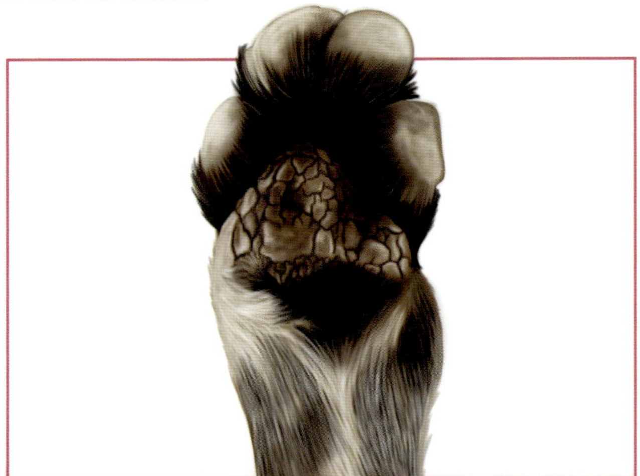

2. Hyperkeratose der Zehenballen und der Schnauze

3. Durchfall und Dehydrierung

4. Neurologische Symptome

Klinische Symptome

Akute Form:

- allgemeine klinische Symptome (Fieber)
- okulonasal: Schleim, Konjunktivitis, Keratitis und Hornhautgeschwüre
- Haut: Pyodermie, Hyperkeratose (Schnauze und Fußpolster)
- Atemwege: Husten, Atemgeräusche und Atemnot
- Verdauung: Durchfall, isoliertes Erbrechen, Dehydrierung und Magersucht; Zahnschmelz-hypoplasie
- neurologisch: steifer Nacken, Hyperästhesie, Ataxie, Myoklonus, Krämpfe, Parese etc.

Chronische Form:

- progressive neurologische Symptome

Konservative Therapie

- Es gibt keine spezifische Behandlung. Ziel ist es, klinische Symptome zu lindern.
- Verhinderung einer Infektion durch Impfung (beste Option)

Ungeimpfte Welpen im Alter von 3–6 Monaten sind aufgrund einer Abnahme der mütterlichen Immunität am anfälligsten für Infektionen.

3.6 Leptospirose

Bakterielle Erkrankung, die durch pathogene Arten der Gattung *Leptospira* verursacht wird, die mit akuter Nieren- und Leberinfektion und manchmal Septikämie einhergeht; häufiger bei Hunden großer Rassen, die in Kontakt mit der Natur leben. Bei schwangeren Frauen sind Plazenta und Fetus betroffen.

Die Zoonose wird durch den Urin infizierter Tiere, hauptsächlich Ratten, übertragen, der Wasser kontaminiert.

Bakterien der Gattung *Leptospira* (*L. interrogans*, Serovare Icterohaemorrhagiae, Canicola und Pomona)

Die Infektion kann peroral oder über Hautwunden erfolgen.

Konservative Therapie

Antibiotika und unterstützende Therapie zur Linderung klinischer Symptome (Hydratation, Wiederherstellung der Nierenfunktion, Leberschutz etc.)

Klinische Symptome

- abhängig vom Alter und der Immunität des Wirts, Umweltfaktoren und Virulenz der infizierenden Bakterien
- Reichen von fast nicht vorhanden bis tödlich und können in einer hyperakuten, akuten oder chronischen Form auftreten.
- klassische Form:
  - hohes Fieber, Lethargie, gestaute mukosale Gefäße, Konjunktivitis
  - Bauchschmerzen, Erbrechen und Durchfall
  - Gelbsucht, Hepatomegalie
  - Schwere Nierenfunktionsstörung, die zu dauerhaften Nierenschäden führen kann.
  - neuromuskuläre Schmerzen und Meningitis

3.7 Zwingerhusten

Infektiöse Tracheobronchitis

Tracheobronchiale Erkrankung, die durch Viren (Parainfluenza), Bakterien (*Bordetella bronchiseptica*) oder Mykoplasmen, allein oder in Kombination, verursacht wird.

Eine Impfung zur Vorbeugung ist zunehmend weit verbreitet.

Hochansteckende Erkrankung, die über die Atemluft übertragen wird.

Das klinische Bild ist schwerwiegender in Fällen, in denen mehrere Infektionserreger beteiligt sind.

Prädisponierende Faktoren

- ungeimpfte Tiere
- Gruppenhaltung
- junges Alter (die schwersten Fälle)
- hohe Prävalenz bei Greyhounds und kleinen sowie Zwergrassen (brachyzephale Tiere)
- kongenitale Erkrankung des Respirationstrakts oder chronische Bronchitis
- kalte Monate

Konservative Therapie

- Antibiotika und Bronchodilatatoren
- Inhalationstherapie mit Verneblern

Empfehlungen/ Prävention

- geeignetes Impfprogramm
- Tier nicht längere Zeit der Kälte aussetzen
- Vermeidung von Kontakt und gemeinsamem Füttern mit symptomatischen Hunden

Klinische Symptome

Milde Form (einzelner Infektionserreger):

- gelegentlicher Husten, mukopurulente Rhinitis und Konjunktivitis
- Übelkeit und schaumiges Atemwegssekret

Schwere Form (mehrere Infektionserreger):

- Fieber, Lethargie, Atemnot, Anorexie, mukopurulenter Ausfluss, Gewichtsverlust
- chronische Bronchitis als Folge
- geschwächte Jungtiere können sterben

3.8 Tollwut

Tödliche Krankheit, verursacht durch ein Virus der Rhabdoviridae-Familie, Gattung Lyssavirus, welches das zentrale Nervensystem von Haus- und Wildtieren befällt. Diese meldepflichtige Krankheit tritt auf allen Kontinenten außer der Antarktis auf.

Globale Auswirkungen

- Jedes Jahr tötet die Tollwut weltweit bis zu 59.000 Menschen: Rund 40 % der Opfer sind jünger als 15 Jahre und leben in Asien und Afrika.
- Die überwiegende Mehrheit (99 %) der Fälle beim Menschen wird durch Bisse infizierter Hunde verursacht.

Tollwut wird durch Kontakt mit infiziertem Speichel durch Bisse oder Kratzer auf den Menschen übertragen.

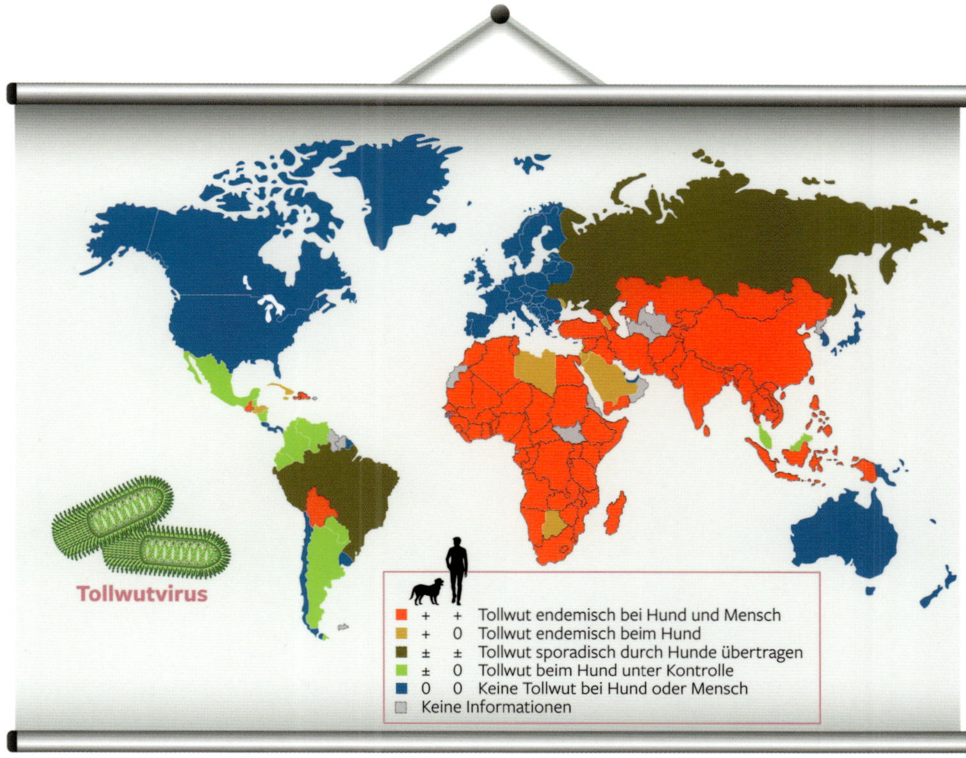

Endemizität der Tollwut bei Hunden und Menschen, 2016. Die Tollwut betrifft die arme und ländliche Bevölkerung. Die Weltgesundheitsorganisation (WHO), die Weltorganisation für Tiergesundheit (OIE), die Ernährungs- und Landwirtschaftsorganisation der Vereinten Nationen (FAO) und die Global Alliance for Rabies Control (GARC) haben den Global Strategic Plan entwickelt, um Sterbefälle beim Menschen durch Tollwut, die von Hunden übertragen wird, bis 2030 zu eliminieren (Zero by 30, Genf, 2018).

Klinische Symptome

- Hinweise auf einen Tierbiss in den vorangegangenen Wochen
- plötzliche Veränderungen des Verhaltens (Irritabilität, Aggressivität)
- schwere Unruhe im Wechsel mit Depression
- charakteristisches Bellen (laut und wütend), Lähmung der Kaumuskulatur (Hydrophobie, keine Nahrungsaufnahme möglich, Sabbern)
- progressive Lähmung, die zum Tod führt

Empfehlungen/Prävention

- Impfprogramme bei Haustieren (variieren je nach lokaler Gesetzgebung) sowie Impfung und Kontrolle streunender Tiere.
- Eliminierung oder Zurückdrängen der Krankheit bei Füchsen durch Köder mit Lebendimpfstoffen.

3.9 Impfplan

Es gibt zwei Arten von Impfstoffen: Core-Vakzine (sollte allen Hunden verabreicht werden) und Non-Core-Vakzine (Verabreichung je nach geografischen Kriterien, Lebensstil des Hundes, Alter etc. empfohlen).

Impfempfehlungen für Hunde*

<table>
<tr><th colspan="5">Core-Vakzine</th></tr>
<tr><th>Vakzine</th><th>Anmerkungen</th><th>Erstimpfung (Welpen <16 Wochen)</th><th>Erstimpfung (Hunde >16 Wochen)</th><th>Wiederholungs-impfung</th></tr>
<tr><td>Staupe (Distemper, D)</td><td>–</td><td rowspan="4">• ab 6–8 Wochen
• alle 4 Wochen wiederholen, bis zu einem Alter von 16 Wochen</td><td rowspan="4">• Einzeldosis (bei geringem Risiko) oder Zweifachdosis (bei hohem Risiko) verabreichen.</td><td rowspan="4">• nach 1 Jahr wiederholen
• folgende Wieder-holungsimpfungen alle 3 Jahre</td></tr>
<tr><td>Adenovirus Typ 2 (A2)</td><td>Schützt vor infektiösen Hepatitis-Viren und vor dem Komplex der infektiösen Atemwegserkrankungen bei Hunden.</td></tr>
<tr><td>Parvovirus (P)</td><td>Muss die Stämme CPV-2b und -2c enthalten.</td></tr>
<tr><td>Parainfluenza (Pi)</td><td>parenteral oder nasal verabreicht</td></tr>
<tr><td>Tollwut (Rabies, R)**</td><td>Die zugelassenen Impfstoffe gewähren Schutz für 1 oder 3 Jahre; wirksamer Schutz 21 Tage nach Erstimmunisierung: obligatorisch oder nicht, abhängig von gesetzlichen Vorgaben.</td><td>• Einzeldosis nicht vor 12 Wochen***</td><td>• Einzeldosis</td><td>• Einzeldosis jährlich oder alle 2–3 Jahre, entsprechend der gesetzlichen Vorgaben</td></tr>
</table>

<table>
<tr><th colspan="4">Non-Core-Vakzine</th></tr>
<tr><th>Vakzine</th><th>Anmerkungen</th><th>Impfplan</th><th>Wiederholungsimpfung</th></tr>
<tr><td>Leptospirose****</td><td>Es wird empfohlen, Impfstoffe mit 4 Stämmen zu verabreichen.</td><td>• 2 Dosen in 4-wöchigem Abstand</td><td>• jährliche Wiederholungsimpfung in Risikogebieten</td></tr>
<tr><td>Bordetella bronchiseptica</td><td>–</td><td>• Einmaldosis intranasal oder peroral
• ab 8. Lebenswoche</td><td>• jährliche Wiederholungsimpfung in Risikogebieten</td></tr>
<tr><td>Leishmaniose</td><td>nur bei erwachsenen Hunden mit negativer Serologie</td><td>• ab einem Alter von 6 Monaten
• Einzeldosis oder 3 Dosen im 3-wöchigen Intervall, abhängig vom Impfstoff</td><td>• jährliche Wiederholungsimpfung in Risikogebieten</td></tr>
</table>

* Empfehlungen der World Small Animal Veterinary Association (WSAVA), 2016

** In Deutschland gilt eine Impfung gegen Tollwut als Non-Core-Vakzinierung (StIKo Vet [2023]: Leitlinie zur Impfung von Kleintieren. 5. aktualisierte Aufl.). Nur für den freien Verkehr innerhalb der EU müssen Hunde regelmäßig gegen Tollwut geimpft werden. Geimpfte Tiere sind jedoch behördlich besser gestellt bei Kontakt mit seuchenverdächtigem oder an Tollwut erkranktem Tier.

*** In Deutschland empfohlene Grundimmunisierung: 12. und 16. Lebenswoche sowie 15. Lebensmonat für erforderlichen Titer von $\geq$ 0,5 I.E./ml bei Reisen in Endemiegebiete (StIKo Vet [2023]: Leitlinie zur Impfung von Kleintieren. 5. aktualisierte Aufl.). Dieses Impfschema geht über die gesetzlichen Anforderungen hinaus.

**** In Deutschland gilt eine Impfung gegen Leptospirose als Core-Vakzinierung (StIKo Vet [2023]: Leitlinie zur Impfung von Kleintieren. 5. aktualisierte Aufl.).

3.10 SARS-CoV-2-Infektion bei Hunden

Infektionen mit dem Coronavirus SARS-CoV-2 beim Menschen traten Ende 2019 erstmals in Wuhan, China, auf und führten 2020 zur COVID-19-Pandemie (Coronavirus-Disease 2019).

Kann COVID-19 Hunde betreffen?

Von Anfang an wurden Zweifel laut, ob Hunde die Krankheit entwickeln oder verbreiten könnten. Die Ergebnisse verschiedener experimenteller Studien auf der ganzen Welt deuten auf eine sehr geringe Anzahl infizierter Tiere hin (8 % der dem Virus ausgesetzten Tiere). Davon wurden 95 % durch Kontakt mit Besitzern infiziert. Dennoch war die bei diesen Hunden nachgewiesene Viruslast sehr gering. Klinische Symptome bei infizierten Hunden fehlen in der Regel oder sind auf Fieber und leichte Atemwegs- oder Verdauungssymptome beschränkt.

! Zusammenfassend lässt sich sagen, dass COVID-19 bei Hunden nur gelegentlich vorkommt, vom Menschen übertragen wird und kurzlebig ist; es folgt zudem eine schnelle Genesung.

! Unabhängig davon, empfehlen Gesundheitsbehörden und Tierärzte, wenn sie mit einem infizierten Hund konfrontiert werden, engen Kontakt mit dem Tier zu vermeiden, um eine Übertragung des Virus zu verhindern.

4.1 Kürzen der Krallen

Übermäßig lange Krallen können sich verfangen und ausreißen, in das umgebende Gewebe einwachsen und sogar dazu führen, dass der Hund eine ungünstige Körperhaltung einnimmt, was den Gang des Tieres beeinträchtigt oder zu einer Zehenverformung führt.

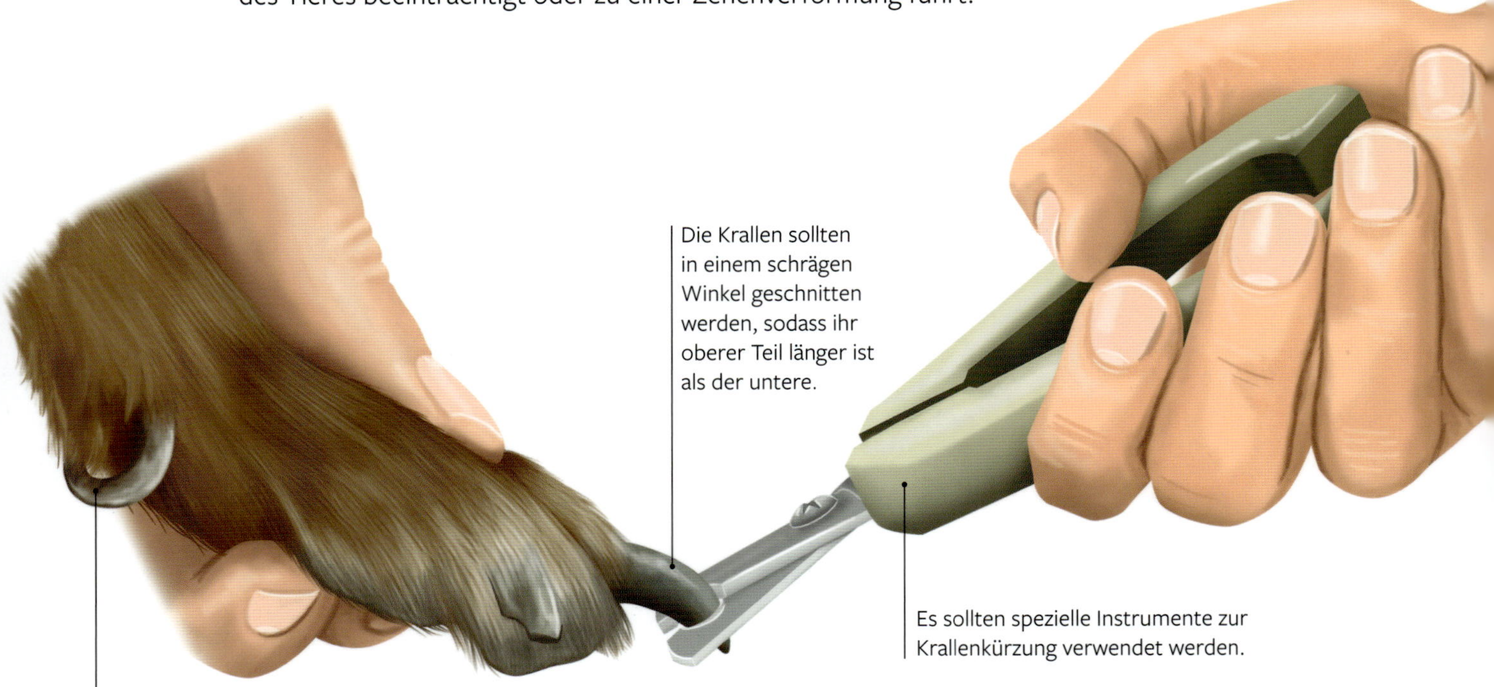

Wenn die Krallen zu lang sind, ist es besser, sie schrittweise zu trimmen, um ein Zurückziehen der Gefäßenden zu ermöglichen.

Hunde sollten sich von klein auf an die Manipulation ihrer Pfoten und Krallen gewöhnen. Dies macht sie toleranter gegenüber dem Krallenkürzen.

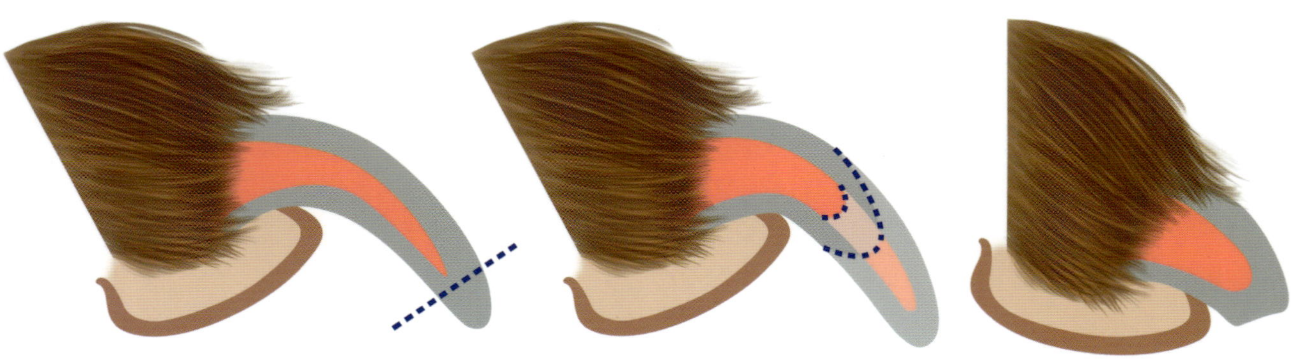

Wenn die Kralle weiterwächst, wird auch die Krallenwurzel mit ihren Nervenenden und Blutgefäßen länger.

Das regelmäßige Kürzen der Krallen eines Hundes führt im Laufe der Zeit zu einem Zurückziehen der Wurzel.

Optimales Aussehen der Kralle.

4.2 Probleme durch Grasgrannen

Entfernung mit einer Krokodilklemme

Gehörgang

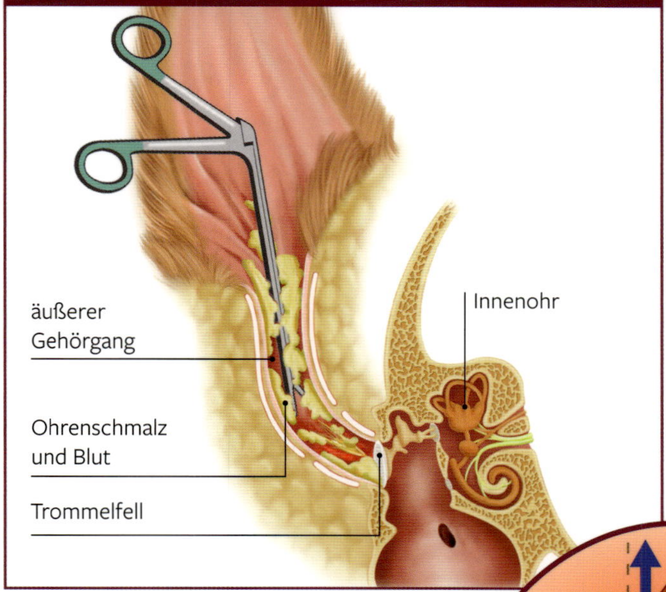

Zwischenzehenspalt

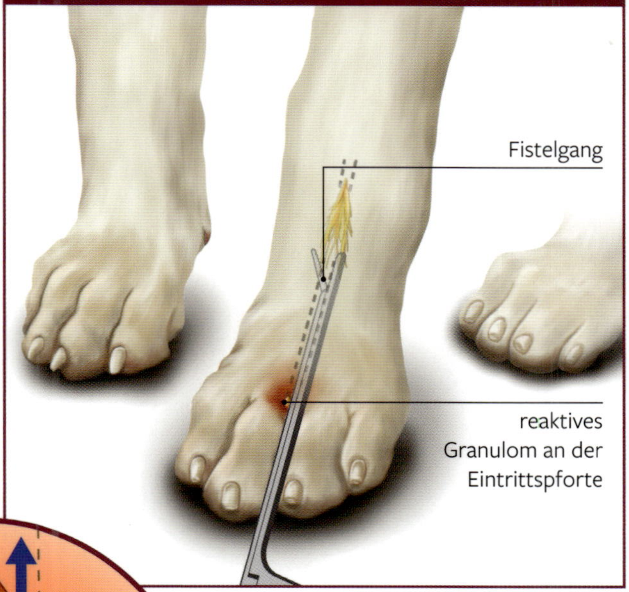

Wenn die Grasgranne tief in die Nasenmuscheln eingedrungen ist, sollten endoskopische Techniken verwendet werden, um sie zu entfernen.

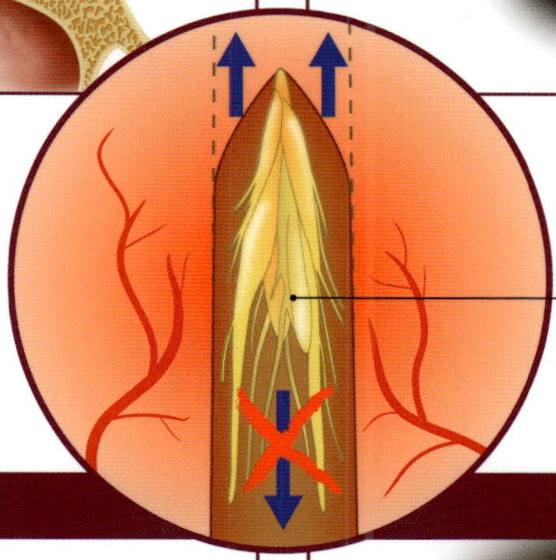

Nase

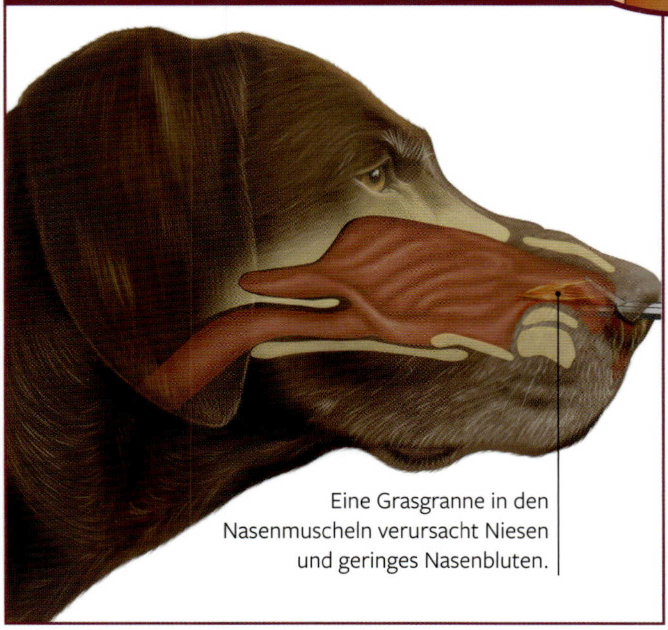

Auge

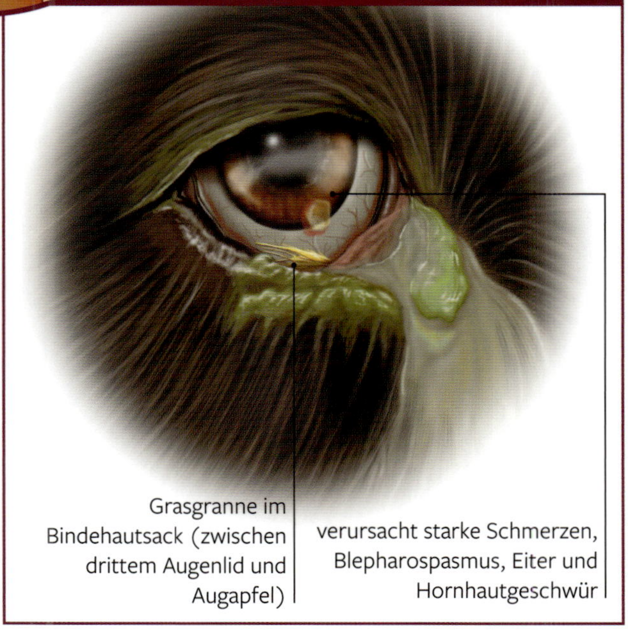

4.3 Verabreichung von Medikamenten

Peroral

Tabletten

Die Tablette sollte so tief wie möglich auf die Zunge gelegt werden (Schluckreflex).

Wenn das Maul geöffnet wird, sollten die Oberlippen nach innen gedrückt werden.

Kopf schräg angehoben

Sobald sich der Kopf wieder in seiner normalen Position befindet, wird das Maul geschlossen und der Hals massiert, um ein Schlucken zu induzieren.

Flüssigkeiten und Pasten

Bei geschlossenem Maul die Spitze der Spritze in den Mundspalt einführen und das Medikament im Raum hinter den Backenzähnen platzieren.

Augentropfen

Die Hand, welche die Augentropfen hält, auf dem Kopf des Hundes abstützen und die Tropfen in das Auge fallen lassen.

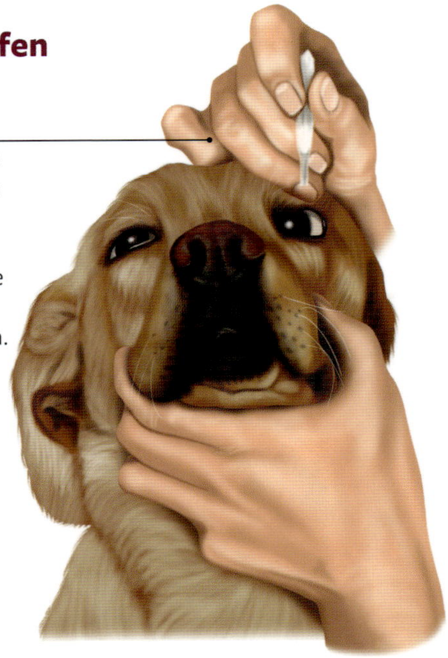

Subkutane Injektion

Eine große Hautfalte fassen und halten, während die Injektion parallel zum Hundekörper erfolgt.

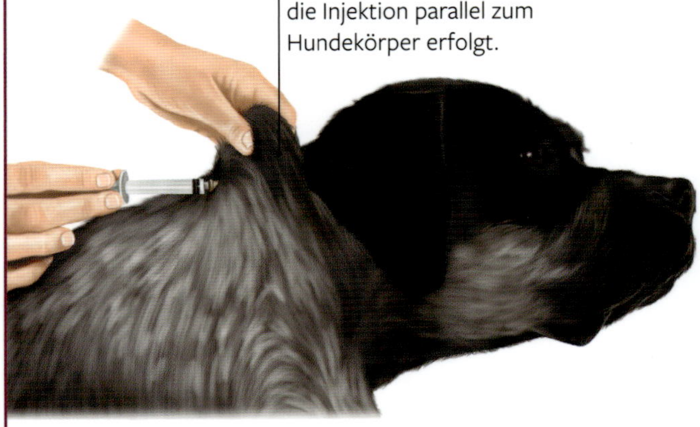

Empfehlungen

- Bei der Verabreichung von Medikamenten ruhig bleiben und leise sprechen, den Hund danach loben und belohnen.
- Tabletten sollten nicht seitlich in das Maul gegeben werden, da dies den Kaureflex auslöst und zum Ausspucken führt.
- Medikamente während des täglichen Spaziergangs des Hundes verabreichen, da der Hund dann abgelenkt und ggf. leichter zu „überzeugen“ ist, das Medikament einzunehmen.

5.1 Fortpflanzungsverhalten

Der Rüde beschnüffelt und leckt die Vulva der Hündin.

Nach der Erregung besteigt der Rüde den Lendenbereich der Hündin und es kommt zu einer Penetration. Die Erektion bleibt durch die Kontraktion der Vulvamuskulatur bestehen.

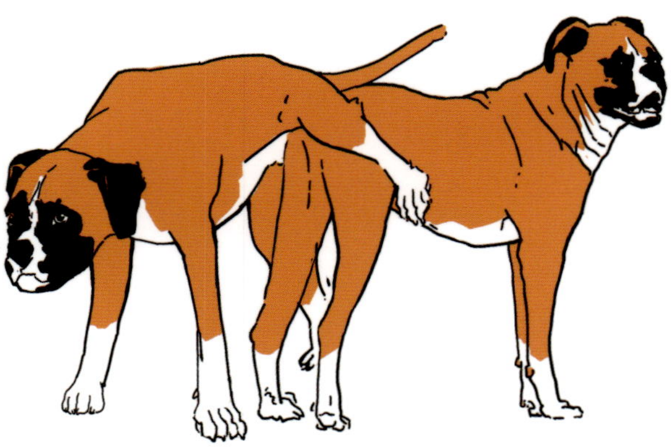

Es ist sehr wichtig, dass der Rüde den „Knoten" in der Vagina der Hündin bildet, um sicherzustellen, dass das gesamte Ejakulat im Inneren bleibt.

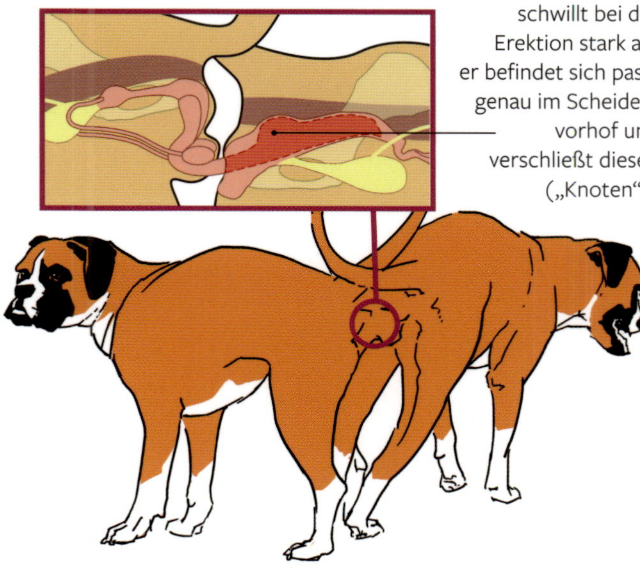

Der Penisbulbus schwillt bei der Erektion stark an, er befindet sich passgenau im Scheidenvorhof und verschließt diesen („Knoten").

Nach der Ejakulation können Hündin und Rüde bis zu eine Stunde lang in entgegengesetzte Richtungen aneinander „hängen" bleiben.

Gewinnung von Hundesperma

- Der natürliche Fortpflanzungsakt muss sorgfältig simuliert werden, vorzugsweise im Freien oder in einem ruhigen, geräumigen Bereich.
- Die Anwesenheit einer läufigen Hündin erleichtert die Spermagewinnung und verbessert die Samenqualität.
- Hinter den Penisschwellköpern Druck ausüben, um eine vollständige Erektion des Penis zu erreichen.
- Der Hund sollte sich umdrehen können, wie bei einer natürlichen Paarung.
- Der Samen wird in einem sterilen Behälter bei etwa 36 °C aufgefangen und seine Qualität unter dem Mikroskop beurteilt.

5.2 Körperhaltungen und Verhaltensweisen von Hunden

Freundliches Verhalten

aufmerksames Verhalten

ruhiges Verhalten

Beschwichtigungsverhalten

Spielverhalten

Aggressives oder ängstliches Verhalten

Dominanzverhalten

Unterwürfigkeit, Angst

Angst, Aggression

Angriffsverhalten

5.3 Handling und Pflege neugeborener Welpen

Die Wurfbox sollte über Stangen entlang der Seiten verfügen, um Unfälle zu vermeiden, wenn sich die Hündin hinlegt.

Papiertücher können als Einstreu verwendet werden; sie sollten regelmäßig erneuert werden.

Die Neugeborenenperiode umfasst beim Hund die ersten 2 Lebenswochen. Nach der Geburt ist die Mutter für die Pflege und Fütterung ihrer Welpen verantwortlich. Geschieht dies nicht, sollten einige grundlegende Pflegerichtlinien befolgt werden.

Geeignete Umgebung

- sauber und ruhig, keine Zugluft
- Raumtemperatur
  - 1. Woche: 30–32 °C
  - 2. Woche: 25–27 °C
  - ab der 3. Woche: 22 °C
- Luftfeuchtigkeit: 60–65 %

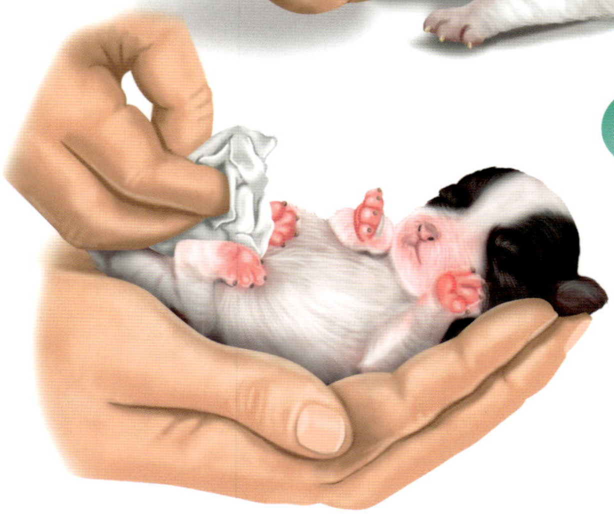

Neugeborene Welpen schlafen in der Regel etwa 20 Stunden pro Tag und saugen während der restlichen Zeit.

Pflege verwaister Welpen

- Während der Fütterung sollte der Welpe in der Position gehalten werden, die er beim Saugen natürlicherweise einnimmt, wobei sein Bauch auf einer Fläche aufliegt oder in der Hand der Pflegeperson gehalten wird.
- Die Welpen sollten alle 3–4 Stunden (bei 35–38 °C) gefüttert werden.
- Die Saugflasche muss nach jedem Gebrauch, mindestens einmal täglich, gewaschen und sterilisiert werden.
- Nach der Fütterung sollten Harn- und Kotabsatz stimuliert werden, indem der Perianalbereich mit einem warmen und angefeuchteten Tupfer massiert wird. Nach drei Wochen sollten die Welpen zum Harn- und Kotabsatz keine Hilfe mehr benötigen.
- Den Bauch nach dem Füttern sanft massieren, um die Verdauung anzuregen und Koliken zu vermeiden.